人人可做数据分析

从数据分析到数据驱动运营

于 琪 著

電子工業出版社

Publishing House of Electronics Industry

北京 · BEIJING

内 容 简 介

近几年，数据分析、人工智能、大数据平台等概念十分火爆，有些人感叹：虽然学会了调用软件算法库文件，在面对真实的业务问题时却不知道从哪里下手；虽然接触了一个又一个能做数据分析的软件工具，真要处理一个业务问题时，却发现自己需要什么样的数据反而成了第一道门槛……"道不远人"，好的东西不应该只作为高深莫测的内容让人敬而远之。本书将数据分析的思维作为主干，衔接数据分析的各个环节，辅之以案例，帮助读者建立体系化的数据分析知识，使数据分析成为一个普通技能，在工作和生活中发挥分析并解决问题的作用，最终实现"人人可做数据分析"。

图书在版编目（CIP）数据

人人可做数据分析：从数据分析到数据驱动运营 /于琪著. —北京：电子工业出版社，2023.9

ISBN 978-7-121-46148-4

Ⅰ.①人… Ⅱ.①于… Ⅲ.①数据处理—研究 Ⅳ.①TP274

中国国家版本馆 CIP 数据核字（2023）第 153426 号

责任编辑：刘志红（lzhmails@163.com）
印　　刷：北京天宇星印刷厂
装　　订：北京天宇星印刷厂
出版发行：电子工业出版社
　　　　　北京市海淀区万寿路 173 信箱　邮编　100036
开　　本：720×1 000　1/16　印张：11.25　字数：180 千字
版　　次：2023 年 9 月第 1 版
印　　次：2023 年 9 月第 1 次印刷
定　　价：86.00 元

凡所购买电子工业出版社图书有缺损问题，请向购买书店调换。若书店售缺，请与本社发行部联系，联系及邮购电话：（010）88254888，88258888。
质量投诉请发邮件至 zlts@phei.com.cn，盗版侵权举报请发邮件至 dbqq@phei.com.cn。
本书咨询联系方式：18614084788，lzhmails@163.com。

有人说，一场技术革新成功的标志之一就是技术本身的"消失"，因为当一种技术被广泛应用于日常生产和生活中时，这种技术反而就没有那么高的显著性了。当前，数据分析和人工智能技术正在向这个目标快速发展，特别是在数理统计等基本分析方法的应用日益广泛和深入这个阶段，这本秉持"人人可做数据分析"理念、着眼于数据分析普及应用的书更加显示出及时性。

自 2011 年以来，随着深度学习在计算机视觉、自然语言处理等领域的技术突破和广泛应用，掀起了前所未有的人工智能热潮，全民对数据分析和人工智能技术学习和应用的热情一直延续至今。很多年前，我在电台参加一个科普节目，听众提了一个至今都让我印象深刻的问题："数据有多重，2TB 的数据比 1TB 的数据重多少？"人们最初还主要在概念和价值判断上理解数据分析，客户/用户在相关项目上主要关注于解决方案的可行性和落地效果。而到了今天，越来越多的项目开始关注是否交付平台工具、客户/用户能否参与研发工作和完成后续扩展，"共创""赋能"等话题在数据分析和人工智能领域被广泛地提及，数据分析已经成为人人都需要具备的一项技能。

当得知于琪要写一本关于数据分析的书时，我是有些好奇和担心的，因为市面上相关的书籍虽汗牛充栋，但经典的就那么几本，从专业角度很难写出新意。但是，当我作为第一批读者拿到书稿时，很快就释然了，同时佩服于琪能准确地洞察书中所定义的"非专业人士"读者群体对于数据分析入门和应用的需求，并将自己从实际工作中积累的经验和体会整理成册，从实践者的角度与读者进行分享。

数据分析技术只是工具，算法可简单、可复杂，要想使用好这个工具，数据思维、数据素养等基本认知是关键。本书没有对数理统计、机器学习等算法进行深入讨论，而是着重于从"道、法、术、器"等维度，以树形框架梳理数据分析认知体系，并结合大量的案例进行阐释，是一本全面、清晰的科普入门书籍。

于琪的行文风格一如既往地接地气，生动形象，写这本书更像在研讨会上把自己的经验和体会与大家进行分享和交流。相信本书对于读者入门数据分析知识框架、快速开启数据分析应用之旅有很大的帮助。

——田鹏伟博士（阿里云智能资深技术专家，离散智能制造研发负责人；

曾任西门子中国研究院数据分析与人工智能研发部总监）

人工智能浪潮扑面而来，数字化正在重塑世界。数据、算法及算力作为人工智能的核心三要素，将在提升企业竞争力、引领科技创新和提高社会幸福指数等方面发挥极为重要的作用。好友于琪先生的这本书，紧密围绕数据相关知识，结构严谨，大道至简，图文并茂，知识性、趣味性并举，可读性强，是不可多得的一本好书。

——商彦强博士（有孚网络副总裁，中国传媒大学特聘教授，

工业和信息化部新型数据中心推进计划专家，中国算力大会专家，

中国指挥与控制学会城市大脑专委会常委）

作为一家传统制造企业的管理者，我深知大数据技术能给企业带来竞争力的提升和深刻变革。但对于我们平常人来说，大数据技术似乎永远只属于个别专家。于琪的这本书让我眼前一亮，它深入浅出，除了一般的大数据理论，更有手把手教人操作的实用工具和方法，是一本不可多得的"人人可做数据分析"的科普入门好书。

——沈春晖（欧朗中国总经理）

数据是智能的原料，数据分析是获取智能的重要途径。于琪作为一个具有丰富工程数据分析经验的专家，他的这部著作《人人可做数据分析：从数据分析到数据驱动运营》介绍了数据分析的体系和方法，引导读者使用数据思维，应用数据驱动运营，是一部难得的接地气的好书，值得推荐。

——夏志杰博士（俄罗斯工程院外籍院士，东南大学教授）

人们都说互联网在带来知识的同时，也让人变得更加迷惑。的确，这是一个知识碎片化的时代，而知识碎片化的结果就是，人们无法建立起对知识更深刻的理解与认识。这一现象更是体现在这几年热度持续上升的大数据、数据分析等概念上。这些概念的背后是由众多的知识和技能拼接而成的，碎片化的知识易得，而零星的知识之间如何拼装、如何整合、如何体系化，恰恰是稀缺的。

要想拥有体系化的知识，关键在于如何建立起知识点之间的联系，而这种联系才是真正的知识核心。本书要做的就是在数据分析这个层面，把知识体系化，把各种纷繁芜杂的知识碎片拼装在一起，引导读者形成数据分析知识体系。

一个体系化的东西，至少包含四个层面的内容：

第一层是底层逻辑，也就是"道"的层面，告诉你为什么做及做事的大框架。在数据分析这个话题上，就是数据思维的建立，以及业务问题如何转化成数据分析问题。

第二层是流程和路径，也就是"法"的层面，告诉你怎么做，即从 A 点到 B 点需要几个步骤，先做什么，后做什么。在数据分析这个话题上，主要关注的是数据分析流程，即如何层层拆解和解读数据背后的问题。

第三层是操作技巧，也就是"术"的层面。流程和路径有了，怎样才能够快速地从 A 点到达 B 点呢？这就需要操作技巧。在数据分析这个话题上，就是漏斗分析、AARRR（Acquisition、Activation、Retention、Revenue、Referral，拉新、促活、留存、付费、转介绍）模型等。

第四层是工具和模板，也就是"器"的层面。要解决一个问题，思路有了、流程和路径有了、操作技巧有了，还需要什么样的工具链？在数据分析这个话题上，就是使用 Excel、编程语言（如 Python 等）对数据进行去重提取、相关性分析等操作。

只有具备了以上四个层面，才是一个完整的、可形成闭环的、能够落地的体系。

而数据分析这个话题，因为涉及的内容极多，从上下游角度而言，数据分析的前序是数据获取、数据预处理等内容，数据分析的后续是使用分析结果进行运营的优化和战略的指导等内容，甚至还需要对新兴的人工智能等概念与数据分析这个概念做一些关于区别和联系的分析。因此，数据分析不仅要包含"道、法、术、器"四个层次的内容，还要糅合其他话题，这也就使得为数据分析建立体系化的内容变得极具挑战性。

本书尝试为读者提供数据分析体系化的内容，因为"道、法、术、器"的框架不是很适合完整地展现数据分析相关的知识内容，所以书中采取了一个"树模型"框架结构来拆解数据分析相关的知识内容，但从中可看出"道、法、术、器"的脉络。

数据分析的最终目的应该是让结果支持业务，如为公司运营提供指导，所以作者秉持的理念就是"人人可做数据分析""着眼于用""数据分析在当前尤其是在未来应该是一个人人可用的技能"。

作　者

2023 年 1 月

目　录

第 **1** 章

绪　　论

数据分析牵扯的知识面和技能太广，涉及众多的理论、技术、场景、工具等，所以在这里，我们先介绍数据分析的框架，厘清数据分析与其他学科的关系，以便找准定位和学习思路。

1.1　数据分析话题的"树模型"知识框架

数据分析，听起来似乎很高大上，离我们的日常生活非常遥远，但它又经常萦绕在我们的耳边。那么，数据分析到底是什么呢？数据分析有什么用处呢？数据分析能不能解决问题？数据又是什么？数据是数字吗？数据从哪里来？很火热的机器学习、深度学习算不算数据分析？本书将为你一一解答这些问题。

这些问题涉及的理论、技术、场景、工具是纷繁芜杂的，这大概也是数据分析这个概念总会让外行人摸不着头脑、内行人盲人摸象而不得全貌的原因。为了解决这一问题，本书使用一个框架来帮助读者厘清思路。

常用的思考框架有"道、法、术、器"等，但笔者发现这些框架对于数据分析并不适用，主要是数据分析涉及的内容太多，有业务层面的，也有技术层面的，上游是数据采集问题，下游是可视化及应用问题。因此，笔者用"树模型"作为数据分析的知识框架（见图1-1）。

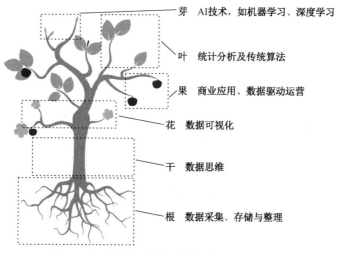

芽　AI技术，如机器学习、深度学习

叶　统计分析及传统算法

果　商业应用、数据驱动运营

花　数据可视化

干　数据思维

根　数据采集、存储与整理

图 1-1　用"树模型"作为数据分析的知识框架

"树"的根是数据分析的源头，主要进行数据采集、存储与整理。有了数据作为原材料才能进入数据分析的加工过程。

"树"的干是数据思维，是把数据分析的技术与业务问题结合起来的桥梁，是数据分析最重要的方法论。

"树"的花是数据可视化部分，是数据的展现，让数据的关键部分一目了然，给人直观感。

"树"的叶是数据分析常用的统计分析和传统算法，这些技术虽然偏传统，但其实是数据分析最主要的技能。

"树"的芽是 AI 技术，如机器学习、深度学习等，这些技术比较时髦，处于快速发展期，但目前还不是最主流的数据分析技能。

"树"的果是数据的商业应用、数据驱动运营等，是数据分析最终的成果。

一个数据分析问题可大可小，并不是说这里提到的"树"的每个部分都能在一个数据分析的案例里用到，多数案例只会用到"树"的一部分。举一个简单的例子，一家餐馆的老板一旦收集了每天所有的点餐记录和结账记录，数据分析师就可以从这些点餐记录里：

- 找出顾客最喜欢点的菜——了解顾客的喜好；
- 平均每桌的就餐时长——预估顾客排队的时间；
- 平均每桌的上菜时间——预估顾客等餐的时间；
- 总结每天食材的消耗量——库存管理。

借助数据分析，可以更好地提升顾客的满意度，降低成本。在上面的这个例子中，数据分析师并没有用到算法，而是在收集数据、从各个角度分析数据、得出结论、撰写汇报材料。这就好比游泳，不需要学会所有泳姿，只要能游，不管是学蛙泳还是学自由泳，甚至学"狗刨"都可以。

一般来说，没有用到算法的数据分析，叫作"商业智能"，也称 BI。业内人士戏称"商业智能就是做个看板"（dashboard）。正是这个原因，这种类型的数据分析侧重于从原始数据中通过简单规则获取有用的洞察，不需要用到算法。

用到算法，并使用算法寻找规律的数据分析，叫作"数据挖掘"。这种类型的数据分析借助算法从零散的数据中学习规律，找出数据之间的关系，从而进行预测。

1.2 数据分析话题同样存在"量变引起质变"的问题

数据分析就是从数据中找到关键信息，指导业务决策。当数据和场景相对简单时，数据分析这一过程就会变得容易；当数据和场景相对复杂时，数据分析这一过程就会变得困难。

举例来说，如果能够拿到一个班级的学生数据，就会很容易统计出这个班级中学生的平均身高、男女比例等，而多个班级里的这种抽样数据就能代表某个地区的平均状况。这个分析过程甚至不需要用到太复杂的电子化工具，仅用 Excel 就能做到。

若要通过班里每个学生每次考试各科目的分数给出其成绩上升或下降的原因，这会成为一个难题。哪怕分析人员学了很多电子化工具（Excel、SQL 及 Python 等），且谈起工具的使用技巧时头头是道，面对这样的问题，也还是不会分析。

都是数据分析问题，为什么场景变得复杂，就无从下手了呢？

第一个问题，是简单的统计就能解决的问题；第二个问题，只看学生每次获得的分数是不够的，涉及的因素可能有学习方法的适用性、学习时长、基础能力等级、老师讲解的透彻度等，而这些因素均对数据采集提出了很高的要求。

问题和场景变得复杂了，解决的难度也会增加很多，甚至根本不是一个难度级别的。这就是"量变引起质变"，好比把鱼装进冰箱 VS 把大象装进冰箱，如图 1-2 所示。

"先把冰箱门打开，再把鱼或大象装进去，最后把冰箱门带上。"这好像是三步就能搞定的事情，当然装鱼可以这样操作，但是装大象就要考虑很多。把大象装进冰箱要考虑的诸多因素如图 1-3 所示。

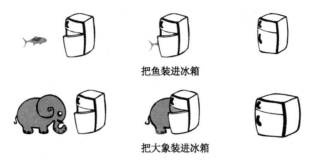

图 1-2　把鱼装进冰箱 VS 把大象装进冰箱

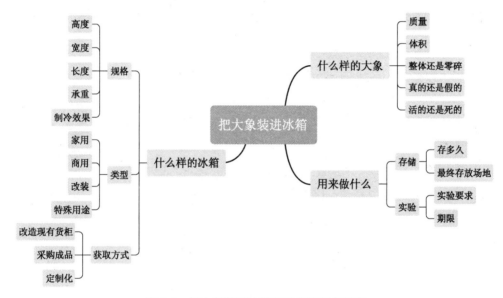

图 1-3　把大象装进冰箱要考虑的诸多因素

在传统企业中，计算报表数据这一工作由会计承担即可，但为什么现在很多大企业都需要数据分析师，其中一个重要原因就是现在的数据量过于庞大。物联网可以收集机器运行过程中的数据，智能手机的普及让企业可以获得越来越多的数据，如何充分挖掘这些数据背后隐藏的价值，成了企业关注的焦点，企业也需要新的手段来实现业务价值。

1.3 数据分析与其他学科的关系

与数据分析相关或相似的概念有很多，如数据科学、运筹学、预测分析、统计分析、机器学习、大数据等。

这些概念之间相互重叠的部分很多，不容易精确区分概念之间的关系，总体来说，数据科学和运筹学属于同一个层次的概念；预测分析和统计分析属于数据分析的范畴，它们属于同一个层次的概念；机器学习和大数据属于数据分析会用到的方式，但它们又不完全属于数据分析必须要用到的技术，而且机器学习和大数据并不属于同一个层次的概念。我们可以利用图1-4来展示它们之间的关系。

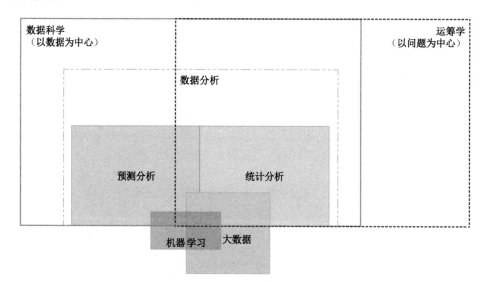

图1-4　数据分析与其他学科的关系

机器学习早已从理论走向应用，开始深刻影响我们的日常生活。很多企业早已着手组建大数据部门或大数据团队，试图解决企业业务的核心问题：商品的最优价格和促销方式、最佳物流路线等。数据科学也走入高校课堂，成为高校研究所应用的重要课题。

它们之间相互牵扯，交集不断扩大。本书所讲的数据分析同样包含了诸多内容，我们后续会不断地提到这些概念及它们之间可能存在的关联。

第 2 章

数据采集、存储与整理

数据分析最花时间的是哪个阶段？有人说是业务分析阶段。其实业务分析阶段，也就是把业务问题转化成数据分析问题的阶段，这个是"难者不会，会者不难"的阶段。若不会，就算花再多的时间也难以搞清楚；若会，业务分析阶段就不会成为数据分析的瓶颈。其实，收集需要的数据所花费的时间最长。一方面，大多数原始数据并不能直接拿来用，存在缺失值和异常值，我们将其称为"脏数据"（dirty data）。脏数据通过清洗和整理后得到干净的数据。另一方面，一个模型需要的数据可能来自多个渠道，这就要求把多个渠道的数据关联在一起，形成一张大的宽表，我们将其称为"主表"（master table）。

这里说的"收集需要的数据"包括数据的采集、整理与存储。注意是"收集需要的数据"，而不是"收集数据"。"收集数据"指的是数据采集，而"收集需要的数据"还包含数据的整理和存储等过程。

2.1 什么是数据，数字就是数据吗

我们经常听到"数据处理""数据存储"等名词，那么数据是什么？数据就是一堆数吗？

数据是一堆"数"，但这里的"数"不是指单纯的"数字"，而是指"电子化记录的内容"。因为计算机是二进制的，所有能电子化记录的内容都是以二进制形式存储的，所以，数据分析领域提到的"数"不局限于数字，它的范畴比数字这个概念大。

声音、图像和视频可以被计算机电子化记录，所以在数据分析领域，声音、图像和视频也是一种数据。

但是，即使知道了数据的含义，对我们做数据分析也起不了什么作用，这是因为只有对数据做进一步细分才能建立数据之间的关系：①数据按领域分，产品数据是数据中的一类；②就一个产品而言，有产品制造过程中的数据、产品属性数据等诸多分类；③产品属性数据又包括产品名称、产品类别、产品评论、销量数字等。

数据经过层层拆解，细化到一定的颗粒度就变得易分析了。比如，分析比较不同类型的产品销量状况，并寻找销量与季节性和地域性之间的关系。哪怕有公司的所有数据，对解决这样的分析问题也是起不了作用的，而是要有带有"时间标记+地域标记+产品名称+产品销量"的产品数据。如果这些数据不是现成的，那么就需要对原始数据进行分类，即把从不同渠道得来的数据进行属性的筛选及合并，并按数据分析的要求形成一张大的宽表。

2.2 不同的应用场景对应不同的数据采集方式

物联网和工业领域的数据采集，是从各种设备上采集数据。数据的主体内容是指令信号、测量数据等，一般采用 MQTT、OPC、Modbus 等工业协议进行数据传输。

消费领域的数据采集，是从网页、App 上采集数据，网页和 App 显示的内容主要是多媒体内容，如图片、视频、文字等，多采用 HTTP 协议的 POST 请求进行数据的发送和传输。

即便同是消费领域，数据采集方式也会发生变化。比如，近年来，手机用户和电脑网页用户的数量此消彼长，但由于手机端浏览器的域名发生了变化，或者 Cookie 的设置发生了变化，以及用户在手机上浏览某个网站使用的是专用的 App，而不是网页，导致很多原来通过电脑网页端的 Cookie 去追踪用户行为的方法都不同程度地受到了影响。

由于地域的差异性，即使面对同样的领域、同样的场景，数据采集和数据分析的方式也会发生变化。比如，在三线城市做商业地理分析，很多时候会将车程范围作为商圈分析的基础，但在一线城市，由于地铁线路很多，地铁在公共交通中的占比很大，采用在三线城市的分析方法就不能很好地说明问题，所以在获取商圈数据的时候，除了地面路网数据，在一线城市还需要将轨道交通数据作为采集源之一。因此，要谨慎地对待一些理论和经验，哪怕它们之前已被证明是有效的。同样，进行数据采集时，也要谨慎对待，使它能够与当前面临的问题相匹配。

2.3 工业协议采集数据

主流的工业协议有十几种，再加上各种工业协议的小变种，大概有二三百种工业协议。

不同的工业协议有不同的使用场景。工业协议的模式主要有主动上送式工业协议、问答式工业协议、混合式工业协议和发布/订阅式工业协议四种。

（1）主动上送式工业协议比较古老，当时很多设备都是没有网络模块的，而当时的计算机一般也是带有串口的。设备端有信息就主动发给服务器端，不管服务器端有没有收到。比如，设备端要发给服务器端的数据太多，可以拆分成 10 帧数据来发送，先发送第 1 帧数据，再发送第 2 帧数据，直到第 10 帧数据；然后又发送第 1 帧数据，再发送第 2 帧数据，直到第 10 帧数据，这个过程会一直重复。主动上送式工业协议一个典型的例子就是 CDT（Cycle Distance Transmission，循环式远动规约），之所以有这样简单的工业协议，是因为这个发送过程只需要"单工通信"，也就是说数据只需要往一个方向传输，对比"半双工通信"和"全双工通信"（在两个方向上都可以进行数据传输的通信模式），硬件上只需要设备端具备发送功能、服务器端具备接收功能就可以了，节省了硬件电路的开支（见图 2-1）。在几十年前，这方面的硬件芯片还比较贵，这是一种方法和技术的折中。但是，主动上送式工业协议在每一对"设备端+服务器端"都需要架设一条单独的物理通信渠道。

（2）问答式工业协议也是比较古老的，它的工作原理是服务器端发送工业协议报文来"询问"设备端是否有数据需要上送，设备端接收到"询问"后把数据上送给服务器端；服务器端不"询问"的时候，设备端不会主动发送数据。这种应用一般是服务器端通过一条数据通道（物理上可能是一对串口总线或网口集线器）连接了多台设备。问答式工业协议保证了多台设备端不会频繁抢占同一个物理通信渠道，只有设备端被服务器端"询问"了才会发送数据，如果"询问"的数据不是与自己相关的，设备端就可以"忽略"这条数据信息。图 2-2 为问答式工业协议的例子。

同步字		控制字					信息字1		
eb 90 eb 90 eb 90	71	F4	01	01	01	21	F0	34 00 00 00	07
3遍同步字同步字为eb 90，为了便于识别工业协议每一帧的开始	控制字节	帧类别	信息字个数	源站址为01	目的站址为01	校验码为21	功能码	字节的排列顺序由低到高；字节内部数据位的排列顺序是由高到低，所以0×34=（00110100），即第3、5、6个信息点的状态是1	校验码
	71即二进制数：1110001 代表：本信息帧有信息字，源站址字节有内容	遥信状态	1个						

图 2-1　主动上送式工业协议的例子：CDT 工业协议的一帧报文

服务器端（主站）➜ 设备端（子站）

10	7B		01	7C	16
启动字符	控制域 7B也就是二进制数 01111011 含义：主站-->子站，召唤用户二级数据		链路地址域（设备端的站号）	帧校验和	结束字符

设备端（子站）➜ 服务器端（主站）

68	15	15	68	88	01	09	03	03	01	0D 07	46 00	00	0E 07	25 00	00	0F 07	00 00	00	43	16
启动字符	16进制的15，即21个	长度（重复一遍）	启动字符	控制域100 010 00子站-->主站响应请求帧	链路地址域，设备端的站号	类型标识：测量值	信息个数（三个）	传送原因：突发	公共地址	信息体地址070D：信息体元素表示的内容是'遥测值'	信息体元素：具体的遥测值	质描述Q	信息体地址070E：信息体元素表示的内容是'遥测值'	信息体元素：具体的遥测值	品质描述Q	信息体地址070F：信息体元素表示的内容是'遥测值'	信息体元素：具体的遥测值	品质描述Q	帧校验和	结束字符

图 2-2　问答式工业协议的例子：IEC60870-101 工业协议的一帧报文

（3）混合式工业协议是混合了主动上送式工业协议和问答式工作协议的一种通信模式。只有以太网上才有足够的网络带宽来实现这种通信模式，而串口通信则难以实现。它的工作原理是：主要采用问答式通信方式，也就是利用服务器端"询问"数据，设备端在接收到"询问"后把数据输送给服务器端；但如果设备端有"紧急数据"需要上送，比如，发生了一个优先级比较高的事件，或者设备端与服务器端有一段时间断开了通信，而在断开通信的这段时间内设备端有需要服务器端接收的信息，那么设备端就可以在服务器端没有"询问"的情况下主动输送数据。

（4）发布/订阅式工业协议是目前物联网领域比较常用的工业协议。之所以有这种通信方式，是为了适合当下的工作场景。现在的设备越来越多，通信模式也越来越复杂。如果说传统的通信方式大多是"一对一"或"一对多"的方式，那么现在的通信方式大多数是"多对多"的方式。也就是说，传统的通信方式基本上是设备与服务器之间传送信息，设备与设备之间很少传送信息；现在的通信方式则是设备与设备之间有很多信息交互，每条信息的发出都有可能存在多个需要接收这条信息的设备。我们把发送信息的一方称为"发布者"，把接收信息的一方称为"订阅者"，没有订阅这条信息的设备将会自动忽略这些与自己无关的信息。

无论是哪种工业协议，传送到服务器端需要进行保存和处理的数据其实只是工业协议每一帧数据报文的一部分。拿以太网上的一条 IP 报文举例，如图 2-3 所示，一条 IP 报文包括 IP 头和数据部分。IP 头的作用是让这条报文能够完成寻址等功能，即让这条信息能够找到要去的目的地。而数据部分则包含很多不需要保存的数据，同时，数据部分也可能包含为保证数据传输的正确性而增设的校验码、结束字符等内容，这些数据字段是起辅助作用的，真正需要保存并进一步处理的数据只有报文中数据字段的一部分。

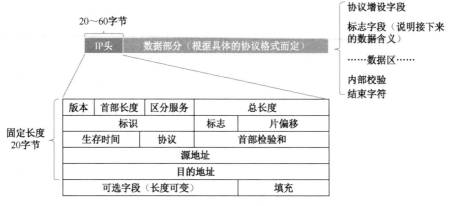

图 2-3　一条 IP 报文的组成

2.4　网页埋点采集数据

埋点，就是部署在前端或服务器端的一段代码。当用户触发了某种特定的操作时，这段代码就会生成一条数据并将其发送到数据库中，这条数据会记录哪个用户在什么时候以什么样的方式做了一件什么样的事情。

埋点是网站和 App 等产品进行日常改进及数据分析的基础，根据采集到的用户行为数据（例如，页面访问路径，单击了哪一个按钮）进行数据分析，从而更加合理地推送和优化，增强用户体验。

埋点的原理比较简单，具体可见图 2-4 所示的示例。

首先，给图片定义 sid 属性，并标记每一张图片。在前端页面中，示例代码如下：

```
<body>
    <img src="imgae/1.jpg" id="img1" sid=" pic01"/>
    <img src="imgae/2.jpg" id="img2" sid=" pic02"/>
    <img src="imgae/3.jpg" id="img3" sid=" pic03"/>
    <img src="imgae/4.jpg" id="img4" sid=" pic04"/>
```

```
        <img src="imgae/5.jpg" id="img5" sid=" pic05"/>
        <img src="imgae/6.jpg" id="img6" sid=" pic06"/>
</body>
```

1.jpg   2.jpg   3.jpg

4.jpg   5.jpg   6.jpg

图 2-4　网页埋点示例图片

其次，埋点就是设置触发事件，用户单击图片就会触发相关信息的收集。在前端页面中，示例代码如下：

```
<script>
    $(function(){
        $("img").click(function(){
            //埋点，将用户的单击信息发送到服务器端
            $.get("/DemoCase/ajaxServlet","sid="+sid);
        })
    });
</script>
```

最后，在服务器端收集信息。服务器后端的示例代码如下：

```
//配置信息
@WebServlet("/ajaxServlet")
public class ajaxServlet extends HttpServlet {
    protected void doPost(HttpServletRequest request,
HttpServletResponse response) throws ServletException, IOException {
```

```java
        //收集用户单击的图片信息
        String sid = request.getParameter("sid");
        //收集用户的浏览器型号
        String requestHeader = request.getHeader("User-Agent");
        //收集用户的访问路径
        String requestURI = request.getRequestURI();
        Date date = new Date();
        //记录用户的单击事件
        SimpleDateFormat format = new SimpleDateFormat("yyyy年MM
月dd日HH:mm:ss");
        String date1 = format.format(date);
        //记录用户主机的相关信息
        String remoteHost = request.getRemoteHost();
        //接下来，可以增加数据存储等操作……
        ……
    }


    protected void doGet(HttpServletRequest request,
HttpServletResponse response) throws ServletException, IOException {
        this.doPost(request,response);
    }
}
```

　　现在，市面上有很多第三方的埋点服务商，如百度统计、友盟+、神策数据、GrowingIO 等。这些埋点服务商会提供固定的埋点产品说明文档，进行埋点设计时需要严格遵循该文档的格式，保证数据能够正确入库。对于网页或 App 表层的一些动作检测，一般采集的属性相对简单，这部分可以使用第三方公司的全埋点时间表，固定地套用即可。对于网页或 App 中的特殊功能模块，需要自己定义时间表进行埋点。

2.5 数据库及合并表单

尽管现在 NoSQL 数据库大行其道，但 SQL 数据库依然是主流数据库。两者的差别在于，SQL（Structured Query Language）是结构化查询语言。传统的关系型数据库主要采用 SQL 作为数据库的操作语言，实现数据库和包含数据表单的创建（Create）、读取（Read）、更新（Update）和删除（Delete）等操作。而 NoSQL 数据库并没有任何固定用于保存数据的结构化数据表。常见的 SQL 数据库有 MySQL、Microsoft SQL Server、SQLite、Oracle Database、IBM DB2 等。常见的 NoSQL 数据库有 MongoDB、DynamoDB、SimpleDB、CouchDB、Couchbase、OrientDB、InfiniteGraph、Neo4j、HBase 等。

大多数数据分析，尤其是偏重于使用传统统计学相关技术而进行的数据分析，首先需要把数据整理成一个宽表，其次在这个宽表中找出需要分析的数据，而不是把零散的数据拼合起来。

一个软件的数据库是怎么设计的呢？每个数据表的颗粒度其实都是很细的，如一个与营销相关的软件，它的表单会设计成以下颗粒度：①销售人员信息作为一个数据库表单，以销售人员的 ID 编号为主键，将销售人员的名字等作为数据列；②客户信息作为一个数据库表单，以客户的 ID 编号为主键，将跟进这个客户的销售人员的 ID 编号等作为数据列；③产品销售信息作为一个数据库表单，以产品的 ID 编号为主键，将产品所属的客户 ID 编号等作为数据列，见图 2-5。

如果要分析产品主要销售给了哪些公司、产品销售业绩最好的人是谁、产品销量最高的部门是哪个，我们需要的其实是如图 2-6 所示的表。

销售人员信息表（sales_person_info）

sales_id	person_name	department	on_job_time	valid
1	董浩	营销一部	2003-06-07	yes
2	崔杰	营销一部	2010-03-04	yes
3	张三	营销二部	2015-05-07	yes
4	李四	营销二部	2016-07-04	yes
5	王五	营销二部	2021-04-08	yes

客户信息表（customer_info）

customer_id	company_name	location	setup_time	responsible_id
1	弘一股份	山西临汾	2011-06-07	1
2	金立科技	江苏泰州	2010-04-11	3
3	三圆公司	山西大同	2016-05-07	3
4	助力科技	江苏无锡	2016-08-16	2
5	鲁阳股份	山东泰安	2016-04-09	5

产品销售信息表（products_sales_info）

product_id	product_name	customer_id	time	amount	order_id
1	PCS-1轴承	2	2021-07-08	50	20210708003
2	PDD-1底盘	3	2021-04-16	80	20210416001
3	PCS-1轴承	4	2021-07-05	66	20210705001
4	PDD-2底盘	1	2021-01-16	98	20210116002
5	PCS-1轴承	5	2021-11-09	100	20211109001
6	PDD-1底盘	2	2021-07-08	25	20210708003

图 2-5　一个跟营销相关的软件数据表单设计示例

product_name	company_name	sales_name	department	time
PCS-1轴承	金立科技	张三	营销二部	2021-07-08
PDD-1底盘	三圆公司	张三	营销二部	2021-04-16
PCS-1轴承	助力科技	崔杰	营销一部	2021-07-05
PDD-2底盘	弘一股份	董浩	营销一部	2021-01-16
PCS-1轴承	鲁阳股份	王五	营销二部	2021-11-09
PDD-1底盘	金立科技	张三	营销二部	2021-07-08

图 2-6　合并后的宽表

这就需要从已有的、零散的数据表中整理出需要的数据，进行多表的联合查询、合并、筛选、联接等操作。下面举例说明。需要说明的是，这里跟具体使用

MySQL 还是 Oracle 等数据库环境，以及数据库的 SQL 版本有关，但 SQL 语句基本差别不大，原理是一致的。

第一步：创建一个空表，准备需要存储的数据，我们这里将它命名为 statistics_table，也就是创建一个用于数据分析的统计表。这个统计表需要合并其他几个数据表单的宽表。SQL 语句如下所示：

```sql
CREATE TABLE `statistics_table` (
  `id` int,
  `product_name` varchar(255),
  `company_name` varchar(255),
  `sales_name` varchar(255),
  `department` varchar(255),
  `time` datetime
) ENGINE = InnoDB CHARACTER SET = utf8mb4;
SET FOREIGN_KEY_CHECKS = 1;
```

第一步结束后，得到这样一个表，见图 2-7。

id	product_name	company_name	sales_name	department	time
（N/A）	（N/A）	（N/A）	（N/A）	（N/A）	（N/A）

图 2-7　创建出来的空表 statistics_table

第二步：插入数据 product_name 这一列，从产品销售信息表（products_sales_info）中把数据复制过来，SQL 语句如下所示：

```sql
insert into statistics_table (product_name) select product_name
from products_sales_info
```

第二步结束后，表的 product_name 这一列就有了数据。

第三步：更新数据，填充表的 company_name 这一列数据。

在填充之前，可以先查看一下是不是能够取出想要的数据，SQL 语句如下所示：

```sql
select company_name from customer_info,products_sales_info
where products_sales_info.customer_id = customer_info.customer_id
```

返回结果如图 2-8 所示。

company_name
金立科技
三圆公司
助力科技
弘一股份
鲁阳股份
金立科技

图 2-8　返回结果

返回结果符合我们的预期，因此可以继续使用以下 SQL 语句填充 company_name 这一列数据：

```
    UPDATE statistics_table INNER JOIN
customer_info,products_sales_info ON products_sales_info.customer_id
= customer_info.customer_id SET statistics_table. company_name =
customer_info.company_name
```

第三步结束后，表的 company_name 这一列就有了数据，如图 2-9 所示。

id	product_name	company_name	sales_name	department	time
1	PCS-1 轴承	金立科技			
2	PDD-1 底盘	三圆公司			
3	PCS-1 轴承	助力科技			
4	PDD-2 底盘	弘一股份			
5	PCS-1 轴承	鲁阳股份			
6	PDD-1 底盘	金立科技			

图 2-9　部分数据填充后的 statistics_table

第四步：更新数据，填充表的 sales_name 这一列数据。

同样，可以先查看一下是不是能够取出想要的数据，SQL 语句如下所示：

```
    select person_name from (select person_name from
sales_person_info,customer_info,statistics_table where
statistics_table.company_name = customer_info.company_name and
customer_info.responsible_id = sales_person_info.sales_id) AS temp
```

结果如果符合预期，则可以放心地将数据写入表格，SQL 语句如下所示：

```
    UPDATE statistics_table INNER JOIN customer_info
sales_person_info ON statistics_table.company_name =
customer_info.company_name and customer_info.responsible_id =
sales_person_info.sales_id SET statistics_table.sales_name =
sales_person_info.sales_name
```

第五步：更新数据，填充表的 department 这一列数据。

同样，可以先查看一下是不是能够取出想要的数据，SQL 语句如下所示：

```
    select department from (select sales_person_info.department from
sales_person_info, statistics_table where statistics_table.sales_name
= sales_person_info.person_name) AS temp
```

结果如果符合预期，则可以放心地将数据写入表格，SQL 语句如下所示：

```
    UPDATE statistics_table INNER JOIN sales_person_info ON
statistics_table.sales_name = sales_person_info.person_name SET
statistics_table.department= sales_person_info.department
```

第六步：更新数据，填充表的 time 这一列数据，SQL 语句如下所示：

```
    UPDATE statistics_table INNER JOIN products_sales_info ON
statistics_table.product_name = products_sales_info.product_name SET
statistics_table.time = products_sales_info.time
```

第六步结束后，statistics_table 表格就填充好了，这是一个合并表单，是一个宽表，是一个为了进行数据分析而被"创造"出来的数据表，我们可以在它上面进行数据的分析和可视化，因为需要的数据已经从真实软件的各个零散子表里"提取"了出来，如图 2-10 所示。

id	product_name	company_name	sales_name	department	time
1	PCS-1 轴承	金立科技	张三	营销二部	2021-07-08
2	PDD-1 底盘	三圆公司	张三	营销二部	2021-04-16
3	PCS-1 轴承	助力科技	崔杰	营销一部	2021-07-05
4	PDD-2 底盘	弘一股份	董浩	营销一部	2021-01-16
5	PCS-1 轴承	鲁阳股份	王五	营销二部	2021-11-09
6	PDD-1 底盘	金立科技	张三	营销二部	2021-07-08

图 2-10　填充数据后的 statistics_table

从数据库的数据表单中"提取"数据，也是一种数据采集，尽管不是最初的数据采集。怎么理解这句话呢？从工业协议中解析出数据字段并将其写入数据库，或者从网页埋点中拿到数据并将其写入数据库，这是"最初的数据采集"，解决的是数据的有无问题；而从已有的数据表单中"提取"数据，把数据进行合并，这是对数据的二次加工，可以算作数据采集，也可以算作数据整理。关于数据整理，我们将在 2.7 节做进一步说明。

2.6 数据清洗

为什么要进行数据清洗？因为数据中存在重复、错误、缺失、无效的情况，我们把这些不想要的数据叫作"脏数据"。在数据分析中，要尽量确保用于分析的数据准确、全面。数据清洗是对数据进行处理以确保数据具有较好质量的过程，即去除或修改脏数据、得到干净数据的过程。从提高数据质量的角度来说，凡是有助于提高数据质量的数据处理过程，都可以被认为是数据清洗。

我们通常所用的数据可以分为两类：一类是结构化数据（Structured Data），也就是 SQL 数据，如数据表单，既是存储在 SQL 数据库的数据，也是 Excel 表格里的数据；另一类是非结构化数据（Unstructured Data），也就是 NoSQL 数据，如图像、文本、声音等。

对于结构化数据，可能存在的脏数据情况有数据重复、缺少字段、数据格式不统一、逻辑异常等，如图 2-11 所示。

对于非结构化数据，同样可能要对脏数据做删除、格式化、补正等操作，非结构化数据多用于机器学习案例。比如，我们用图片训练一个神经网络去分辨图片中的动物是猫，还是狗，那么就需要把画面中没有猫和狗的这两类图片和模糊的图片都剔除，把剩下的图片做大小/尺寸的归一化或格式化，这样才能形成数据的训练样集，如图 2-12 所示。

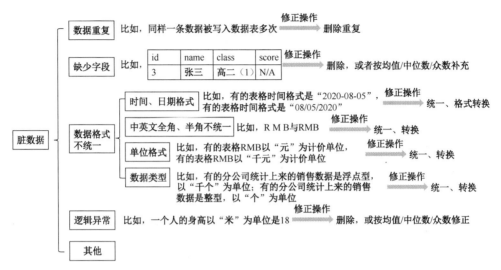

图 2-11 结构化数据的脏数据常见类型

图 2-12 图像数据需要的数据清洗

这里存在一个误区，就是认为数据必须准备到完美的状态才可以进行分析。一方面，数据一定程度上的缺失和错误是一个普遍现象，做到100%的干净、准确几乎是不可能的，因此，必须在数据不完美的现状下确保得到尽可能准确的结果。另一方面，我们是在工业界而不是在理论界寻找解决方案，能够解决实际问题是第一要求。那么，即使有方法可以将数据准备到完美，我们也需要评估这个过程需要花费的人力、物力及时间成本，寻找最经济的平衡点。

如何做数据清洗？提到数据清洗，一般都会提到 ETL，ETL 是英文 Extract-Transform-Load 的缩写，用来描述将数据从来源端经过抽取（Extract）、转换（Transform）、加载（Load）至目的端的过程。

ETL 的目的是将企业中分散的、零乱的、标准不统一的数据整合到一起，为企业的决策提供分析依据。ETL 是数据可视化的一个重要环节。通常情况下，在数据可视化项目中，ETL 会花掉整个项目至少三分之一的时间。

ETL 是三个单词的缩写，所以它的设计分三个部分：数据抽取、数据转换、数据加载。在设计 ETL 的时候，我们也是从这三部分出发。我们做数据分析，尤其是使用以统计分析为主的数据分析和数据可视化，目前多数用到的数据还是结构化数据。虽然在互联网时代，多媒体越来越多，尤其在进入大数据时代之后，产生的数据多以非结构化数据为主，但多数非结构化数据并不能直接为数据分析师所用，所以我们在这里介绍的 ETL 还是以结构化数据的 ETL 为例。

数据抽取（Extract）是从各个不同的数据源中把需要的数据抽取出来，如把多个零散的 Excel 文件里的数据字段提取出来，准备后续放到数据库形成数据表单。

数据转换（Transform）是 ETL 过程中花费时间最长的部分，一般情况下这部分工作量是整个 ETL 的三分之二，这个转换过程就是对数据进行去重、修正、格式化。

数据加载（Load）一般是在数据转换清洗完之后直接写入数据仓库中去。

我们在 2.5 节中，从数据库的零散子表中取出数据并把数据存到新建的一个数据表单里，这个过程就用到了数据抽取和数据加载。

ETL 的实现有多种方法，常用的有三种。第一种是 ETL 工具，如 Ascential 公司的 DataStage、Informatica 公司的 PowerCenter、Oracle 公司的 OWB、微软公司的 DTS、开源软件 Kettle 等；第二种是 SQL 方式；第三种是 ETL 工具和 SQL 方式相结合。前两种方法各有各的优缺点，借助 ETL 工具可以快速地建立起 ETL 工程，屏蔽了复杂的编码任务，提高了速度，降低了难度，但是缺少灵活性。SQL 方式的优点是灵活，能够提高 ETL 的运行效率，但是编码复杂，对技术要求比较高。第三种则综合了前两种方法的优点，会极大地提高 ETL 的开发速度和效率。

以 Kettle 为例，简单地说一下怎么使用 ETL 工具进行数据清洗。

这里有一个学生英语成绩的表格，表格里面有重复的数据行，现在利用 Kettle 进行数据去重。

需要做的就是在 Kettle 里创建一个转换，输入 Excel，并配置输入的字段等设置项，去除重复记录作为转换的环节，输出 Excel，同样有一些需要配置的字段作为设置项。在此不赘述过程，这个简单的转换软件设置如图 2-13 所示。

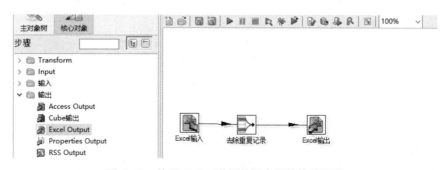

图 2-13　使用 Kettle 进行数据去重的软件设置

在执行这个转换时可以看到，重复的数据行被剔除了，对比结果如图 2-14 所示。

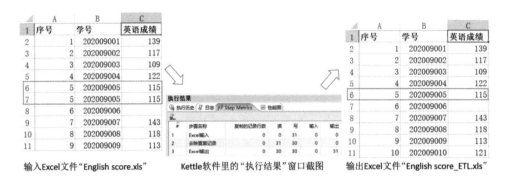

输入Excel文件"English score.xls"　　　　Kettle软件里的"执行结果"窗口截图　　　　输出Excel文件"English score_ETL.xls"

图 2-14　使用 Kettle 进行数据去重的结果

2.7　数据整理，多维度拆解

2.5 节介绍了利用数据库已有表单作为输入，合成一个宽表供数据分析的过程，这其实也是数据整理的一种。2.6 节介绍了 ETL，即数据的抽取（Extract）、转换（Transform）、加载（Load）等，数据整理与数据的 ETL 没有严格区分，甚至很多时候，它们说的是同一件事情。

本节把数据整理单独拎出来说，是为了把数据整理成多维度，以便进行交叉分析，达到对数据"横看成岭侧成峰"的分析效果。

交叉分析，指的是对数据进行不同维度的交叉展现。进行多角度结合分析的方法，弥补了单一维度进行分析无法发现的一些问题。可以说，数据分析的维度弥补了众多分析方法的独立性，让各种方法通过不同属性的比较、细分，使分析结果更有意义。

我们在看待事物的时候，如果从不同角度看，往往会得出不同的结果。在对业务数据进行分析时，也会有这种现象。例如，对某个区域的销售数据进行分析，如果以年销售额来分析的话，数据分析师可能会发现每年的销售收入都在成比例增长。这是一个不错的结果。但是，如果从客户的角度进行分析，数据分析师可能会发现一些老客户的销售额在逐渐降低。

如何理解“多维数据”中的“维”？“维”就是观察事物的角度。同样的数据从不同的角度进行观察可能会得到不同的结果。图 2-15 显示，从时间维度、地区维度、产品维度等不同维度进行观察，可以得到不同的结果。

	A	B	C	D
1	产品	地区	时间	销量
2	车胎	北京	第1季度	341
3	车胎	北京	第2季度	341
4	车胎	北京	第3季度	247
5	车胎	北京	第4季度	150
6	水壶	北京	第1季度	515
7	水壶	北京	第2季度	258
8	水壶	北京	第3季度	391
9	水壶	北京	第4季度	479
10	运动装	北京	第1季度	373
11	运动装	北京	第2季度	326
12	运动装	北京	第3季度	469
13	运动装	北京	第4季度	480
14	自行车	北京	第1季度	548
15	自行车	北京	第2季度	479

“产品”和“地区”为排序及观察维度

	A	B	C	D
1	产品	地区	时间	销量
2	车胎	北京	第1季度	341
3	水壶	北京	第1季度	515
4	运动装	北京	第1季度	373
5	自行车	北京	第1季度	548
6	车胎	上海	第1季度	362
7	水壶	上海	第1季度	497
8	运动装	上海	第1季度	354
9	自行车	上海	第1季度	139
10	车胎	重庆	第1季度	265
11	水壶	重庆	第1季度	442
12	运动装	重庆	第1季度	541
13	自行车	重庆	第1季度	356
14	车胎	北京	第2季度	341
15	水壶	北京	第2季度	258

“地区”和“时间”为排序及观察维度

	A	B	C	D
1	产品	地区	时间	销量
2	车胎	北京	第1季度	341
3	车胎	上海	第1季度	362
4	车胎	重庆	第1季度	265
5	水壶	北京	第1季度	515
6	水壶	上海	第1季度	497
7	水壶	重庆	第1季度	442
8	运动装	北京	第1季度	373
9	运动装	上海	第1季度	354
10	运动装	重庆	第1季度	541
11	自行车	北京	第1季度	548
12	自行车	上海	第1季度	139
13	自行车	重庆	第1季度	356
14	车胎	北京	第2季度	341
15	车胎	上海	第2季度	478

“产品”和“时间”为排序及观察维度

图 2-15　不同的数据观察维度

当数据有了维的概念之后，便可以对数据进行多维分析操作，常见的多维分析操作主要有：钻取（上钻和下钻）、切片和切块、旋转。

（1）钻取。钻取能够改变维度的层次，变换分析的粒度。钻取包括上钻和下钻。上钻是在某一维上将低层次的细节数据概括到高层次的汇总数据的过程，这个过程减少了分析的维数。例如，车胎这个分类下有品名——朝阳、玛吉斯、捷安特等，我们把品名列表收拢起来，只关注车胎这个大的分类，这就是上钻。下钻则相反，是将高层次的汇总数据进行细化，深入低层次细节数据的过程，这个过程增加了分析的维数。又如，车胎这个分类下有品名——朝阳、玛吉斯、捷安特等，我们把品名列表展开，具体关注和分析每个品名的销量数据，这就是下钻。

（2）切片和切块：在多维分析中，如果在某一维度上限定了一个值，则称其为对原有分析的一个切片。如果对多个维度进行限定，每个维度限定为一组取值范围，则称其为对原有分析的一个切块。例如，我们固定了产品只分析车胎，这个维度是固定的，而关注于地区和时间这两个维度对销量的影响，这就是切片。如果我们固定了产品只分析车胎，这个维度是固定的，并且固定了地区是北京，这个维度也是固定的，只分析时间这个维度对销量的影响，这就是切块。

（3）旋转。在多维分析中，维度按某一顺序和方向进行显示，如果变换了维度的顺序和方向，或者交换了两个维度的位置，则称为旋转，或者叫作转轴。可以想象一下，如果在一个数据分析结果的图中，本来横轴是时间，纵轴是销量，现在变成横轴是销量，纵轴是时间，这个图就是"旋转"了的。

用多维度拆解来做数据整理，很重要的一个方面是让数据看起来不再"一团糟"，可以抓住数据背后的真正原因。我们在这里举几个例子。

例1：某商品是一款新开发的产品，发行公司为它做了一波推广活动，但推广效果不佳。推广效果不佳说明总体的数据没有达到理想化的结果，要想知道导致这种情况的具体原因，就要对这个指标构成做进一步的拆解。我们可以从五个维度进行拆解，如图2-16所示。

例2：上述产品的推广效果不佳，除了做维度的拆解分析（见图2-16），也可以对业务流程进行拆解分析。这其实是一种"漏斗分析"。通常，ToC（To Consumer，面向个人消费者）业务的业务流程为：流量引入→精准匹配→实现转换→产生营收；在电商场景下业务流程为：浏览产品→加入购物车→支付。我们可以用多维度拆解的方法，对这个问题按照业务流程进行拆解。比如，我们选择推广渠道进行业务流程的"漏斗"拆解，如图2-17所示。

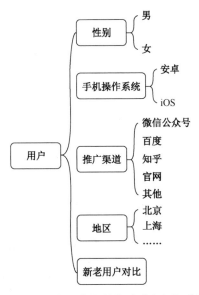

图 2-16 对单一指标的构成进行拆解分析

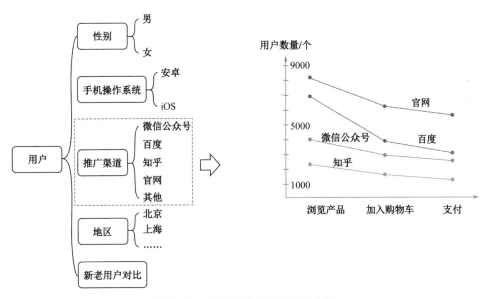

图 2-17 按业务流程进行拆解分析

从图 2-17 可以看出，从百度来的流量虽然高，但是加入购物车和支付的转化率相比其他渠道要低一些，因此，可以减少百度的广告投放力度，加强其他渠道的广告投放力度，或者想办法提高百度渠道的转化率。

例 3：很多时候，给数据分析加个时间维度（或称过程指标），更容易发现数据的猫腻。我们继续以上述例子进行分析，官网的推广流程下，其实还是可以有时间维度的，如图 2-18 所示。

官网渠道连续4个月的业务流程用户数量

单位：个

	第1个月（6月）	第2个月（7月）	第3个月（8月）	第4个月（9月）
浏览产品	2950	2023	1680	1697
加入购物车	2202	1509	1494	1495
支付	2190	1435	1265	1261

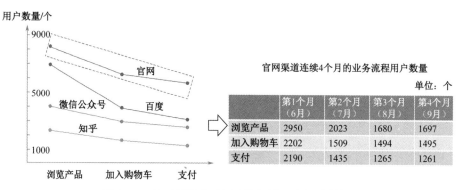

图 2-18　按时间维度或过程指标进一步拆分数据

利用多维度拆解来做数据整理，其实还可以添加分类维度，这个不需要对数据维度做额外的信息采集，只需要增加一些百分比、与中位数或均值的差值等维度，就可以让数据更直观地反映问题。比如，我们对表格增加几个分类维度，看看是不是能够更加直观地反映问题，如图 2-19 所示。

官网渠道连续4个月的业务流程用户数量

单位：个

	第1个月（6月）	第2个月（7月）	第3个月（8月）	第4个月（9月）
浏览产品	2950	2023	1680	1697
加入购物车	2202	1509	1494	1495
支付	2190	1435	1265	1261

在之前基础上，增加了几个分类维度

官网渠道连续4个月的业务流程用户数量

		第1个月（6月）	第2个月（7月）	第3个月（8月）	第4个月（9月）
浏览产品	数量/个	2950	2023	1680	1697
	总数占比	35.4%	24.2%	20.1%	20.3%
加入购物车	数量/个	2202	1509	1494	1495
	总数占比	32.9%	22.5%	22.3%	22.3%
支付	数量/个	2190	1435	1265	1261
	总数占比	35.6%	23.3%	20.6%	20.5%

图 2-19　给数据增加分类维度

通过给数据增加分类维度，可以直观地看出：产品一共推广了 4 个月，在第 1 个月（6 月），浏览量和支付成交量等都是最高的，居于 35%以上；而第 3 个月

（8月）和第4个月（9月），浏览量和支付成交量偏低，比较平稳。联系发生的事件，可以找到背后的原因——第1个月是产品首发月份，投入了更多的渠道广告，也发放了更多的折扣券；第2个月的折扣券数量减少；而第3个月和第4个月，折扣券数量差不多，大约是产品首发月的一半左右。

虽然通过多维度拆解做数据整理看起来好用，但也有不得不承认的两点事实。

第一点，要想进行多维度拆分，数据上就需要有足够的标签。也就是说，拿到的数据要有细分：这个数据或数字是哪个特征的用户，来自哪个渠道平台，什么时间收集过来的，等等。这其实需要我们在网页埋点的时候尽量多地从 App 或电脑上获得细致的信息。电商平台鼓励用户完成实名认证等也是为了让收集到的数据有足够的标签。

第二点，很多数据分析师理解的"多维度"和业务人员需要的"多维度"其实还是有很大差别的。这个差别属于数据分析思维与业务思维之间的差别，我们会在后续章节继续分析这个问题，在这里先简单涉猎一下。

数据分析师所谓的"多维度"，其实很接近于"维度多"。方法就是"拆，再拆"，多拆几个维度，做一堆交叉表，把各个分类维度的数据都做出来，发现在某一个或某几个维度下，各组数据差异比较大，觉得就是发现了问题，如图 2-20 所示。

这样的分析有没有发现问题？有。业务人员会不会觉得有用？会。但在业务人员眼中足够吗？其实还是不够的。

业务人员脑子里想的不是数据，是一个个具体的问题。当业务人员看到"第2个推广月产品销量较大幅度下降"时，脑子里想的多维度如图 2-21 所示。

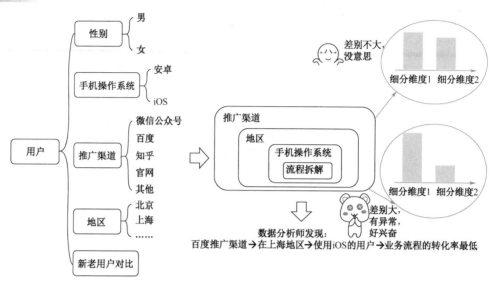

图 2-20　数据分析师眼中的"多维度"

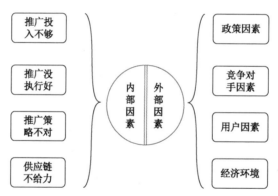

图 2-21　业务人员眼中的"多维度"

你会发现，单纯地拆解数据根本无法解决问题，哪怕把问题定位到很细的程度（第 2 个推广月产品销量较大幅度下降是因为百度这个推广渠道在上海地区的 iOS 用户数量变少了）。因为用户数量变少的原因是竞争对手发力了，经济环境变差了，用户需求发生变化了，还是其他原因？没法解释清。具体的业务问题，从业务人员的角度来看，那就是没有答案。

其实，业务人员这样做"多维度"，可能他真的就是这么考虑的，也可能他在试图"把水搅混"。所以，做数据分析，尤其是数据分析师与业务人员配合着做同一个数据分析项目时，需要的不仅是数据分析能力，还需要决策能力。

首先，把业务人员的说法转化为数据上可论证的问题。实例见表 2-1。

表 2-1　实例

业务人员的说法	数据假设与论据	需要的数据是否存在
竞争对手做了活动，而我们没有做活动	1. 竞争对手真的做活动了吗？ 2. 竞争对手做活动前，我们的销量真的就没问题吗？ 3. 竞争对手做了活动后，我们的销量就马上产生了问题吗？ 4. 竞争对手没做活动的地区，我们的销量就没有问题吗？	1. 竞争对手活动的时间 2. 竞争对手做活动的区域 3. 我们产品销量的分时、分地区数据
天气不好是影响推广效果的原因	1. 天气不好的日子，整体业绩比天气好的时候要低吗？ 2. 不同销售人员的业绩在天气不好时都降低了吗？	1. 这个地区每天的天气数据 2. 这个地区每天的销售数据
活动肯定是有效的，只不过需要一段时间后才能见效	1. 多少天之后会见效？ 2. 见效的表现是：×××指标是否会增长？ 3. ×××指标的现状是……，见效后能增长到什么程度？	1. 目前×××指标的数值 2. 跟踪×××指标的变化情况

如果从数据上拿不出论据，不管是数据不可获得，还是历史数据中没有这个维度的标签，业务人员与数据分析师都应该避免在这方面进行无效争执。

其次，排除可能的借口。有的时候，某些因素的确会导致销量下降，但如果以偏概全，把它们当成万能的挡箭牌，那么也就谈不上提升的可能性了。借口往往产生于宏观经济环境因素、外部不可抗力因素（如天气）、竞争对手因素等。所以在这里，关键是证伪。证伪最好用的办法就是对比举例法，同样是流量问题，为什么其他业务线能持续增长？同样是下雨，为什么别人的业绩就很好？具体示例如图 2-22 所示。

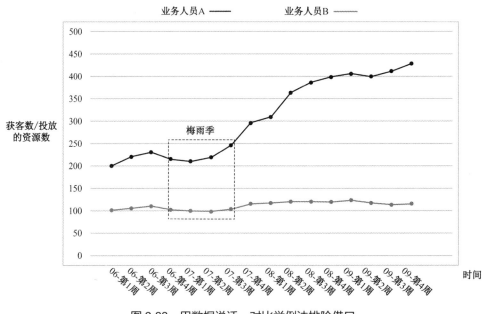

图 2-22　用数据说话，对比举例法排除借口

通过对比举例可以看出，业务人员 B 所说的"梅雨季天气不好带来了获客数量不佳"的确是客观存在的，但通过对比能发现的问题是：①业务人员 A 平时就比业务人员 B 表现得好；②同样在梅雨季，业务人员 A 的业绩比业务人员 B 下降得少；③梅雨季没结束时，业务人员 A 的业绩就开始回升了；④梅雨季过去了，业务人员 A 的业绩反弹得很快，而业务人员 B 还在原地踏步。

最后，利用已有的数据，找到症结。不得不承认的是，我们做数据分析不可能面面俱到，我们能利用的仅是手头上的数据，没有人拥有"上帝视角"。我们需要做的就是利用手头上的数据来针对性地指向问题，在一堆影响因素里，找到最关键的那个，集中发力。这时，就用到数据分析师的多维度拆解了。数据分析师利用已掌握的数据，尽可能地锁定细节问题。找到差异较大的部分，就是找到了问题的突破口。一般而言，利用比较完整的数据有限性地指向问题发生的原因，对问题的提升有较大的实用价值。

多维度拆解既需要数据分析师掌握一定的技术能力，也需要数据分析师拥有决策能力，要尽可能地考虑如何应对业务人员的不同思路所导致的"哑口无言"，即对业务人员给出的理由找到数据论据。业务人员万能公式般的借口虽然可能有客观原因，但其主观努力的结果仍可以通过数据评判出来。数据分析师要跟业务人员达成共识，不能收集、无法评判的东西不作数，把业务人员的问题拉到数据分析的套路上来。

2.8 数据集

数据集（Data set 或 dataset）指的是一个数据的集合，通常以表格形式出现。每一列都代表一个特定的变量（如年龄、购买日期、购买数量等）。每一行都对应于一条数据记录。通俗地说，数据集其实就是用数据组织起来的表格或数据集合。你可以认为各个数据表 Data Table 和零散的数据表单合并出来的宽表就是一种数据集。

当然，这么说容易让人误解数据集就是结构化数据。其实不是的，很多机器学习用的数据集是图片等非结构化数据，只不过大家通常所说的能用来分析问题和图形化的数据集以结构化数据为主。

数据获取的途径多种多样，可简单划分为以下三种：第一种，从业务系统的数据库中提取，也就是用子表单合并成宽表。这种数据获取方式需要在公司内部使用，因为只有公司内部人员才可能对数据库有访问权限；外部人员获取到这些数据集较为困难，并且没有公司会愿意开放数据。第二种，通过网络爬虫进行数据爬取，需要操作者具有一定的编程能力。第三种，很多机构或网站会提供已经整理好的数据集，这对学习数据分析的人来说是福音。这里我们主要介绍一些比较著名的公开数据集。

（1）大数据导航网站。

如果你要找的数据集在互联网上可以搜到，那么这个网站可以解决你90%的数据需求。常见的公开数据网站在大数据导航网站上都可以搜索到，它其实就是一个对大数据进行分类的黄页。

（2）Kaggle——全球机器学习和人工智能竞赛平台。

Kaggle主要为开发者和数据科学家举行数据挖掘、机器学习比赛等，提供多元化公开数据集，这一平台吸引了众多的开发者参赛。

（3）阿里天池。

阿里天池类似于国内版的Kaggle，它提供了很多电商数据，毕竟阿里旗下有淘宝、天猫等电商平台。

（4）其他。

其实能提供数据集的网站有很多，主要看你需要什么数据。与宏观经济相关的，有国家统计局官网；与证券交易相关的，上交所、深交所都有门户网站；如果你想知道一些关键词的热搜程度，可以使用百度指数、微信指数等；还有针对机器学习的数据集（这些数据集很多是一些图片等非结构化数据），如谷歌人工智能实验室官网、UCI机器学习库、计算机视觉数据集VisualData等。

这里举一个小例子，看一下怎样利用公开数据集做数据分析。

虽然可以找到一个来源真实的数据集合，但是怎么分析问题还是要靠我们自己，所以我们优先考虑的一个问题是怎样利用数据集。使用数据集进行数据分析的步骤如图 2-23 所示。

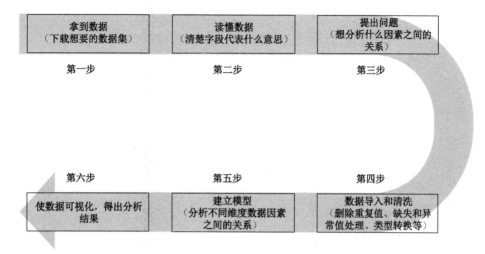

图 2-23　使用数据集进行数据分析的步骤

再举一个关于保险索赔的例子。

第一步：拿到数据。从 Kaggle 上下载数据集，是一个名为"insurance2.csv"的文件。

后缀名为".csv"的文件以纯文本形式存储表格数据（数字和文本），可以用 Excel 打开。实际上，用 Excel 打开也方便对数据进行较为复杂的操作，如查找、替换、统计等。这里就用 Excel 作为主要工具对这个数据集进行分析。

第二步：读懂数据。表格里面有 8 列数据，有 1339 行。8 个列的英文名字用中文取代，分别是年龄、性别、肥胖指数、孩子数量、是否抽烟、地区代码、个人医疗费用、是否保险索赔，如图 2-24 所示。

第三步：提出问题。年龄与车辆出险是否有关系？

明确了问题，接下来就是有针对性地完成数据分析。

	年龄	性别 (女0, 男1)	肥胖指数BMI	孩子数量	是否抽烟 (否0, 是1)	地区代码	个人医疗费用 (健康保险支付)	是否保险索赔 (否0, 是1)
	A	B	C	D	E	F	G	H
2	19	0	27.9	0	1	3	16884.924	1
3	18	1	33.77	1	0	2	1725.5523	1
4	28	1	33	3	0	2	4449.462	0
5	33	1	22.705	0	0	1	21984.47061	0
6	32	1	28.88	0	0	1	3866.8552	0
7	31	0	25.74	0	0	2	3756.6216	0
8	46	0	33.44	1	0	2	8240.5896	1
9	37	0	27.74	3	0	1	7281.5056	0
10	37	1	29.83	2	0	0	6406.4107	0
11	60	0	25.84	0	0	0	28923.13692	0

图 2-24　表格内容

第四步：数据导入和数据清洗。列的重命名已经完成了，在第二步读懂数据的同时，把英文翻译成了中文。

首先，需要考虑重复值的问题。这里比较特殊的地方在于，按道理说重复值是一定要去除的，但由于下载到的这个数据集，数据行没有唯一标识（如身份证号、社会保险号等），而且在同一个地区，拥有相同年龄、相同肥胖指数……这样的重复是有可能实际存在的。由于列的值里面没有身份证号、社会保险号等能唯一判断数据是否存在重复的标志，所以这里暂且不做数据去重。

其次，需要考虑数据缺失的问题。在 Excel 里怎么查找缺失值呢？可以用一个简单的方法，如图 2-25 所示。

由于数据列只有 8 列，所以每一列都可以按上述方法查看是否有空白值。图 2-25 中之所以有"空白"行，是因为我们为了示例清楚进而删除了一个值。之前下载的这个公开数据集里是没有空白值的，这个公开数据集提供的是清洗好了的数据。

第五步：建立模型。要分析年龄与车辆出险是否有关系，就要建立年龄变量与车辆出险变量之间的关系模型。由于年龄过于分散，最好分成段进行统计。分段也不能乱分，要分得合适，先找到表格中年龄最大值和年龄最小值，如图 2-26 所示。

打开Excel的"筛选"功能　第一行数据会出现这样的小三角图标，供数据筛选　把数据拉到底，如果有空白值就会显示"空白"，可以只勾选"空白"，这样就可以把包含空白值的行单独筛选出来

图2-25　在 Excel 里查找缺失值

增加了1列，就是键入了"年龄最大值"和"年龄最小值"两行而已；Excel自带计算最大值和最小值的功能，该功能在"自动求和"工具里　求最大值和最小值的范围选"A2:A1339"，其实就是年龄那一列的所有数据　可以得到年龄最大值是64，年龄最小值是18

图2-26　得到年龄最大值和年龄最小值

通过图 2-26 所示的操作，我们就可以有依据地进行分类了，即把年龄划分成四类：30 岁以下，30～39 岁，40～49 岁，50 岁及以上。

给表格增加一列，用于把年龄转换成年龄段，并根据年龄生成年龄段，如图 2-27 所示。

填入公式：=IF(A2<30,"30岁以下", IF(A2<=39,"30~39岁",IF(A2<=49,"40~49岁","50岁及以上")))
这样"年龄段"这一列会根据"年龄"这一列的值自动生成年龄的4个分类之一

	B2			f_x	=IF(A2<30,"30岁以下", IF(A2<=39,"30~39岁",IF(A2<=49,"40~49岁","50岁及以上")))			编辑栏
A	B	C	D	E	F	G	H
年龄	年龄段	性别（女0，男1）	肥胖指数BMI	孩子数量	是否抽烟（否0，是1）	地区代码	个人医疗费用（健康保险支付）
19	30岁以下	0	27.9	0	1	3	16884.924
18	30岁以下	1	33.77	1	0	2	1725.5523
28	30岁以下	1	33	3	0	2	4449.462
33	30~39岁	1	22.705	0	0	1	21984.47061
32	30~39岁	1	28.88	0	0	1	3866.8552

增加的一列，用于区分年龄段

图 2-27　根据年龄生成年龄段

接下来，我们要建立"年龄段"与"是否保险索赔"之间的模型了。Excel 提供了"数据透视表"的功能。

在 Excel 的"插入"菜单中选择"数据透视表"，获取"年龄段"与"是否保险索赔"的统计信息，如图 2-28 所示。

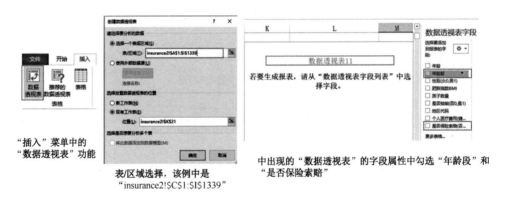

"插入"菜单中的"数据透视表"功能

表/区域选择，该例中是"insurance2!$C$1:$I$1339"

中出现的"数据透视表"的字段属性中勾选"年龄段"和"是否保险索赔"

图 2-28　建立"年龄段"与"是否保险索赔"之间的数据透视表

我们可以建立两次"数据透视表"，之所以建立两次，原因在于我们想做不同的统计，一次是技术项，一次是求和。这个可以通过设置来实现，如图 2-29 所示。

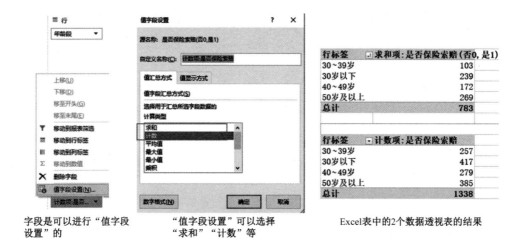

| 字段是可以进行"值字段设置"的 | "值字段设置"可以选择"求和""计数"等 | Excel表中的2个数据透视表的结果 |

图 2-29　"年龄段"与"是否保险索赔"之间的 2 个数据透视表

第六步：得出分析结果。我们已经通过"计数"项和"求和"项得到了每个年龄段的索赔数量和个体数字计数。

从索赔数量上看：我们的数据集样本中，"50 岁及以上"和"30 岁以下"的索赔最多，分别为 269 和 239。

从每个年龄段的人数上看：我们的数据集样本中，"30 岁以下"和"50 岁及以上"的个体数量最多，分别为 417 和 385。

比较绝对值没有太大意义，要对比相对值。可以通过比例来进一步比较哪个年龄段更容易保险索赔。我们在表格中增加一列，作为一个比例参考，如图 2-30 所示。

通过以上操作可以得到分析结论：样本数据集的平均索赔率为 58.5%，其中"50 岁及以上"和"40～49 岁"两个年龄段的人索赔率较高，均高于平均值。

行标签	求和项:是否保险索赔(否0,是1)	索赔比例
30~39岁	103	=GETPIVOTDATA("是否保险索赔(否0,是1)",$K$6,"年龄段","30~39岁")/GETPIVOTDATA("是否保险索赔(否0,是1)",$K$14,"年龄段","30~39岁")
30岁以下	239	
40~49岁	172	
50岁及以上	269	
总计	783	

行标签	计数项:是否保险索赔
30~39岁	257
30岁以下	417
40~49岁	279
50岁及以上	385
总计	1338

行标签	求和项:是否保险索赔(否0,是1)	索赔比例
30~39岁	103	0.400778
30岁以下	239	0.573141
40~49岁	172	0.616487
50岁及以上	269	0.698701
总计	783	0.585202

行标签	计数项:是否保险索赔
30~39岁	257
30岁以下	417
40~49岁	279
50岁及以上	385
总计	1338

以增加的"索赔比例"列的第一个单元格为例,公式为:
=GETPIVOTDATA("是否保险索赔(否0,是1)",$K$6,"年龄段","30~39岁")
/GETPIVOTDATA("是否保险索赔(否0,是1)",$K$14,"年龄段","30~39岁")

通过分析:
样本数据集的平均索赔率为58.5%,其中"50岁及以上"和"40~49岁"两个年龄段的人索赔率较高,均高于平均值

图 2-30　索赔比例数据

2.9　数据估算

数据估算,有点像数据整理,又不仅仅是数据整理;有点像数据分析,又没有完整的数据可视化、对比分析等数据分析步骤。因此,我们把数据估算单独作为一节,算作数据整理、多维度拆分的一种延伸。

数据估算问题,往往被称作"费米问题",是在科学研究中利用限定信息来做量纲分析、估算、验证假设猜想的一种方法。命名来自美国科学家恩利克·费米(Enrico Fermi)。一些问题的已知条件太少,但在变通分析对象后,很多问题可以出乎意料地得到接近确切的答案。

如今,很多信息和数据都可以从网络上获得。但如果需要得到一些难以寻觅的数据(尽管这种情况不多见),则可以用估算方法,而且很多时候可以通过估算结合网络搜索来确定某方面数字的概况。

经常被提到的一个"费米问题"是"芝加哥有多少位钢琴调音师?",这是费米在 20 世纪 30 年代提出的估算问题,我们这里尽量简短地做一下说明。

芝加哥有多少位钢琴调音师?这个问题太模糊了,也不好直接估算。于是,

第一步是把问题做进一步拆解：芝加哥这个城市需要的调音师数量=芝加哥全部钢琴调音师1年的总工作时间÷一位钢琴调音师每年的工作时间。

芝加哥全部钢琴调音师1年的总工作时间依然是一个未知量，所以需要做进一步拆解，这是第二步。这里拆成3个子问题：①芝加哥有多少架钢琴？②一架钢琴每年要调几次音？③调一次音需要多长时间？

第三步，一个一个地去解决这些子问题。

第1个子问题：芝加哥有多少架钢琴？我们对它进行拆分，首先需要知道芝加哥有多少人，其次需要知道拥有钢琴的人占多大比例。当时芝加哥大约有250万人。拥有钢琴的人大致占芝加哥总人数的2%，因为钢琴在当时算是比较贵重的物品，这样，就可以算出芝加哥大概有5万架钢琴。

第2个子问题：一架钢琴每年要调几次音？钢琴不需要频繁地调音，估算是每年1次。

第3个子问题：调一次音需要多长时间？2小时应该是一个比较合理的估算。

还有一个问题：一位钢琴调音师每年的工作时间。美国每年中有4个星期是假期，一年有52个星期，也就是钢琴调音师一年工作48周；按一周工作5天、每天工作8小时来算，可以得到一位钢琴调音师每年的工作时间为48×5×8，约为2000小时。但我们要考虑到钢琴调音师不会每天都满负荷工作，而且调音路上要花费时间，所以我们假设80%的时间是有效工作时间，也就是2000×80%=1600小时。

第四步，我们把子问题汇总起来。芝加哥有5万架钢琴，一架钢琴每年要调音1次，那么就是芝加哥的所有钢琴每年合计调音5万次。每架钢琴每次调音需要2小时，那么芝加哥的所有钢琴每年合计需要调音10万小时，除以一位钢琴调音师每年的工作时间1600小时，得到芝加哥大约有63位调音师。

芝加哥有多少位钢琴调音师的估算步骤如图 2-31 所示。

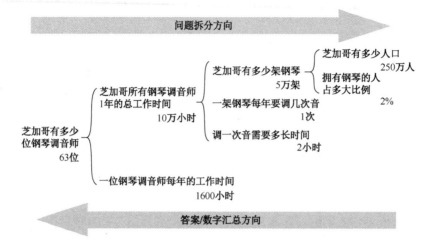

图 2-31　芝加哥有多少位钢琴调音师的估算步骤

这个答案准不准呢？费米在估算结束之后，找到了一张芝加哥钢琴调音师的名单，上面一共有 83 人，并且有不少人名是重复的。因此，可以说费米估算出来的结果已经相当准确了。

第 **3** 章

大数据平台架构

为什么有大数据这个话题呢？近几年来，大数据成为很常见的概念。近些年，数据的量在以指数级增长。IBM 的研究表明，截至 2012 年，在整个人类文明所获得的全部数据中，有 90%是过去两年内产生的。而到了 2020 年，全世界每天所产生的数据的量是 2012 年的 44 倍，每一天全世界上传超过 5 亿张图片。

所以，要谈数据分析，大数据必定是一个绕不开的话题。

广义的大数据，包含数据的采集环节、清洗环节、存储环节、计算和分析环节、数据可视化环节；甚至说，大数据囊括了数据分析。

狭义的大数据，主要指大数据平台，强调数据的存储，以及围绕存储的数据写入、任务调度和在线计算，范围比较窄。在这种限定下，大数据包含数据分析。

本书所说的大数据，主要指的是狭义的大数据。

3.1 大数据时代的传统数据处理方法

我们要客观地看待大数据时代的传统数据处理方法。

首先，传统数据处理方法肯定是有不足的。传统的数据采集来源单一，且存储、管理和分析数据的量也相对较小，大多采用关系型数据库和并行数据库即可处理。对依靠并行计算提升数据处理速度方面而言，传统的并行数据库技术追求的是数据的高度一致性和容错性。根据 CAP（Consistency-Availability-Partition tolerance，一致性—可用性—分区容忍性）理论，难以保证其可用性和扩展性。而 CAP 理论说的是一个分布式系统，不可能同时做到 CAP（一致性、可用性、分区容忍性）这三点。

其次，传统数据处理方法没有那么不堪。以前当数据样本量大于 30 的时候，我们就认为样本量已经足够大了，可以套用大数定律了，不过，这和现在所谓的大数据比起来真是小巫见大巫。数据量的爆发式增长和硬件存储技术的发展让大量数据貌似成了潜力无穷的财富，各行各业的人都开始说自己在从事大数据方面的工作。很多人支持这样一种观点：数据中包含了所有的意义，不需要什么理论。但其实，大数据并不意味着全面、准确和真实。

《让数据告诉你》一书中有这么一段话，如果你希望了解持某种看法的民众在总人口中的比例，只要按照被普遍接受的抽样办法从几百万个成年人中选出 1500 人作为样本，依据这些样本所获得的比例与实际比例的误差可以控制在 3%。更令人不可思议的是，这个误差只受样本个数影响，和总体的大小无关。也就是说，如果将这个总体扩大到 100 亿个个体，那么由 1500 个个体组成的样本调查结果和实际值的误差同样在 3% 以内。假设有这样一个场景：如果你要统计 10 亿人中间多少是男生，多少是女生。用大数据方法当然可以，但是杀鸡焉用牛刀，可能只须抽 3000 个样本就能得到统计结果了。

况且进入大数据时代，以统计学方法为主的传统数据处理方法就效果不明显了。

大数据是全样本，但其中一些数据并没有很大的价值，甚至会出现错误的导向。大数据环境下，很多数据和我们想研究的东西并不相关，如何剔除大量无关数据也需要统计学上的方法。但若是测到的变量很多，也就是所谓高维数据，如生物统计上对于基因的分析，传统的最大似然法、线性回归的方法效果会变的很差，于是一些新的方法就会被提出来解决这些问题。所以大数据反而需要统计学的新方法来解决其面临的问题。

大数据时代，在大样本中分析数据之间的关系往往会被称为"数据挖掘"，其实也就是"数据分析"。数据分析使用的方法包括偏传统的统计学方法，也包括一些机器学习、深度学习的方法。当然，大数据领域中提到，"数据挖掘"使用时髦的机器学习、深度学习等相对新的技术的比例高；而提到"数据分析"时，传统的统计学方法是主要的分析方法。所以，大数据时代下经常提的数据挖掘，与传统数据处理方法尤其是统计学等方法，是有重叠和交集的，并且有共同的数据分析目标，只不过适用场景随着具体问题而有差异。

如果非要把二者割裂开来，以技术的新旧作为强行的分界，我们可以这样认为：

数据挖掘偏向计算机学科，所关注的某些领域、场景，和统计学所关注的有所不同。不一定要有精确的理论支撑，只要是有用的、能够解决问题的方式，都可以用来处理数据。而统计学是一门比较保守的学科，所沿用的模型一定要强调有理论依据。

统计学通常使用样本数据，通过对样本数据的估计来估算总体变量。数据挖掘使用的往往是总体数据，数据挖掘由于采用了数据库原理和计算机技术，它可以处理海量数据。

数据挖掘的本质是很偶然地发现非预期但很有价值的知识和信息。这说明数据挖掘过程本质上是实验性的。而统计学强调确定性分析。确定性分析着眼于寻找一个最适合的模型——建立一个推荐模型。

大数据的基本处理流程与传统数据处理流程并无太大差异，主要区别在于：由于大数据要处理大量、非结构化的数据，所以在各个处理环节中都可以采用MapReduce（Map-Reduce，映射—归约）等方式进行并行处理。

以上是差别。但其实，作为数据分析的方法，数据挖掘与统计学具有共同的目标。两者都包含了大量的数学模型，都试图通过对数据的描述，建立模型找出数据之间的关系，从而解决商业问题。二者有共用模型，包括线性回归、逻辑回归、聚类、时间序列、主成分分析等。

3.2 大数据架构

提到大数据架构，就不得不提 Hadoop 生态系统。Hadoop 是一种分析和处理大数据的软件平台，是一个用 Java 语言实现 Apache 的开源软件框架，其在大量计算机组成的集群中实现了对海量数据的分布式计算。近年来，围绕着 Hadoop 形成了一个生态系统，这个生态系统是一个能够让用户轻松架构和使用的分布式计算平台。用户可以轻松地在 Hadoop 生态系统上开发和运行能够处理海量数据的应用程序。Hadoop 生态系统的组成如图 3-1 所示。

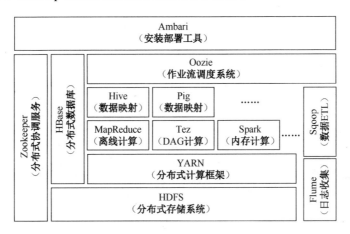

图 3-1　Hadoop 生态系统

Hadoop 生态系统中，HDFS 提供文件存储，YARN 提供资源管理，并在此基础上，进行各种处理，包括 MapReduce、Tez、Spark 等计算。Hadoop 生态系统的发展非常迅速，现在已经形成了一个很大的生态圈，而且还处在不断地发展过程中。

图 3-1 其实只讲了一个软件的生态系统，即这个生态系统中的软件怎么与实际应用映射起来。比如，把与数据相关的操作分为三个部分：数据采集、数据处理（包含数据计算）、数据输出与展示。各个生态系统中的软件在哪个环节发挥作用？我们可以看一个例子，一个典型的互联网大数据平台如图 3-2 所示。

大数据生态中的软件很多，且提供了不少的功能，但也带来了额外的问题：①不同的软件之间经常有功能重叠，也就是说做一件事可选的软件有好几款，每个软件又有不同的版本，怎么选是一个问题；②职能不同的软件搭接起来可以有好多种方式，这在提供灵活性的同时也意味着可能的随意性，如何限制这些随意性，让不同的使用者有一定的使用规则是一个问题；③不属于 Hadoop 生态系统中的软件，怎么与属于 Hadoop 生态系统中的软件组合起来发挥作用也是一个问题。

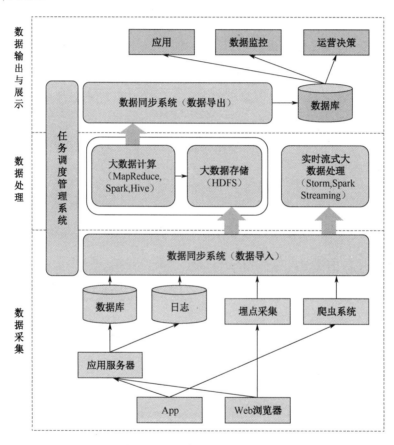

图 3-2 一个典型的互联网大数据平台架构

针对上述的第一个问题，主要的方式是使用 CDH/Cloudera Manger（Cloudera's Distribution Including Apache Hadoop 与 Cloudera Manger 搭配的 Hadoop 生态工具链被称为 CDH）或 CDP/Ambari（Cloudera Data Platform 与 Ambari 搭配的 Hadoop

开源生态工具链被称为 CDP）来代替手工安装 Hadoop 生态软件，从而达到省时省力、解决组件兼容性的问题。

CDH/Cloudera Manger 是商用版的软件套件，基于稳定版本的 Apache Hadoop 构建，基于 Web 的用户界面，支持大多数 Hadoop 组件，包括 HDFS、MapReduce、Hive、Pig、HBase、Zookeeper、Sqoop 等，简化了大数据平台的安装和使用难度。

CDP/Ambari 是开源的软件套件，已支持大多数 Hadoop 组件，包括 HDFS、MapReduce、Hive、Pig、HBase、Zookeeper、Sqoop 等。

无论是 CDH/Cloudera Manger，还是 CDP/Ambari，都使大数据集群工具安装部署变得简单，且提高了集群部署的效率，也使得大数据集群工具运维工作简单、有效。因为 CDH 属于商业软件，所以稳定性要好一些。

针对大数据生态中的第二个问题和第三个问题，也就是如何限定大数据生态中各个软件之间搭接的随意性，以及如何提供软件组合参考方式的问题，解决方法是大数据典型架构模式。

大数据典型架构模式是不同公司和科研院所在使用大数据生态软件中摸索出来的经验。主要是两种架构：Lambda 架构和 Kappa 架构，不同公司在这两个架构模式上可以设计出符合该公司的数据体系架构。当然，要提前说明的是，很多公司其实也没有完全采用 Lambda 架构或 Kappa 架构来建设大数据平台，只是融合了它们的一部分理念。

Lambda 架构是一种旨在通过利用批处理和流处理的优势来处理大量数据的数据处理架构。Lambda 有 Batch Layer（批处理）和 Speed Layer（流处理）之分。然后通过将"批"和"流"的结果拼接在一起，如图 3-3 所示。

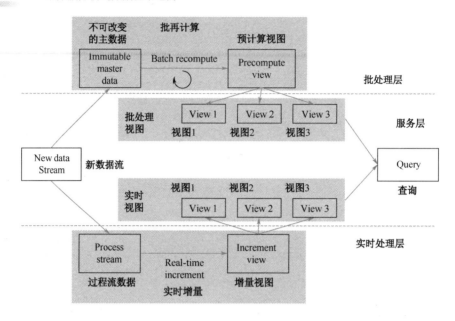

图 3-3　Lambda 架构

Lambda 架构对数据的处理过程可以概括如下。

（1）所有进入系统的新数据流（New data Stream）要同时写入批处理层和实时处理层。

（2）批处理层管理主数据集（一个不可变的，仅可扩展的原始数据集）并预先计算批处理视图。

（3）服务层对批处理视图进行索引，以便可以在低延迟的情况下进行点对点的查询。

（4）由于批处理的计算速度比较慢，数据只能被定期处理计算（比如每天），因此延迟也比较长（只能查询到截止前一天的数据，即数据输出需要 T+1）。所以对于实时性要求比较高的查询，会交给实时处理层进行即时计算，从而快速得到结果。

为什么这样设计？

数据分为实时数据（又称在线数据或"流式"数据）和离线数据。什么是实时数据？就是马上需要处理的数据，这种数据延迟小，一般是毫秒、秒、分钟级的延迟。比如，你熬夜赶在双十一晚上的最后 1 分钟，成功付了尾款，这个订单数据就是实时数据。什么是离线数据？有些数据并不会立即被数据同步系统导入大数据系统，而是需要隔一段时间再同步，通常是隔天，即在每天零点后开始同步昨天 24 小时在线产生的数据。因为数据已经距其产生间隔了一段时间，所以这些数据被称作离线数据。比如，每天统计一下昨天的总成交量，这个昨日总成交量的数据来源就是离线数据。

对应地，数据处理分为离线计算和实时计算：前者对应的是批处理，将一周、一天或者一个小时的数据批量地进行全量计算；后者对应的是流处理，在一个源源不断的数据流中，不断地处理新的数据进行增量计算。为了能够同时支撑起离线计算和实时计算，业界提出了 Lambda 架构来应对不断扩张的数据规模，这也是 Lambda 架构拥有两条独立计算链路的原因。

在架构的演化过程中，大家逐渐发现批处理在某种意义上存在明显边界的流处理，离线计算是特定时间段上的实时计算，增量计算若不停机也可以约等于全量计算。因此，一个能够同时兼顾离线计算和实时计算的架构呼之欲出，它就是 Kappa 架构。Kappa 架构解决了 Lambda 架构因为存在两套数据加工体系，从而带来的各种成本问题，这也是目前流批一体化研究方向，很多企业已经开始使用这种更为先进的架构。Kappa 架构如图 3-4 所示。

Kappa 架构有点像 Lambda 架构的简化版，Kappa 架构对数据的处理过程可以概括如下。

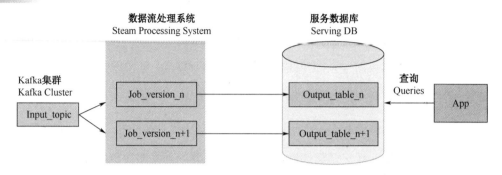

图 3-4　Kappa 架构

（1）选择一个具有重放功能的、能够保存历史数据并支持多消费者的消息队列，根据需求设置历史数据保存的时长，如 Kafka，可以保存全部的历史数据。

（2）当某个或某些指标有重新处理的需求时，可按照新逻辑重写一个新作业，然后从上游消息队列的最开始重新消费，并把结果写到一个新的下游表中。

（3）当新作业赶上进度后，应用切换数据源，读取上一步骤中产生的新结果表。

（4）停止老的作业，删除老的结果表。

在真实的应用场景中，很多时候使用的并不是完全规范的 Lambda 架构或 Kappa 架构，有时会是两者的混合，如大部分实时指标使用 Kappa 架构完成计算，少量关键指标（比如与金额相关）使用 Lambda 架构中的批处理重新计算，增加一次校对过程。我们接下来就给出一个真实场景中的大数据架构，如图 3-5 所示。

在真实的大数据架构中，除了使用各种大数据软件作为组件，一般还有公司自研的部分，用于进行数据模型的统一化，即设立数据的计算指标和规则，管理数据的访问控制，建立资源调度、管理和监控页面，等等。

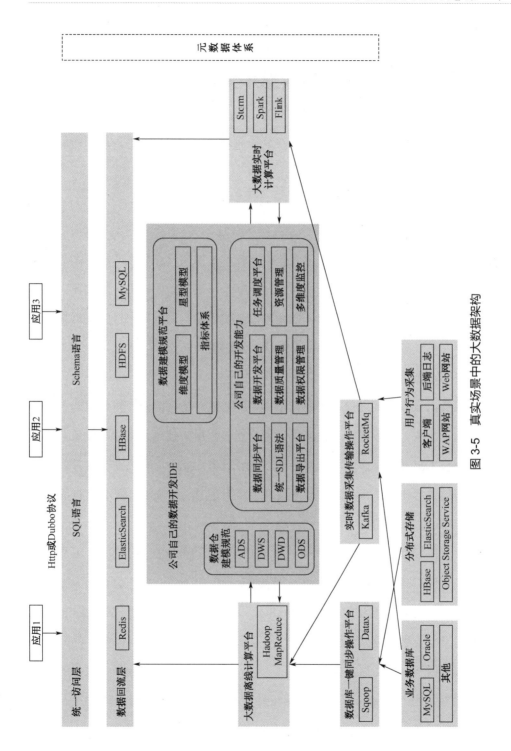

图 3-5　真实场景中的大数据架构

3.3 大数据平台的数据采集、处理、输出与展示

介绍了大数据平台的架构之后，本节我们来看一下大数据平台是如何处理数据采集、处理、输出与展示的。

3.3.1 数据采集

大数据就是存储、计算、应用大数据的技术。如果没有数据，所谓大数据就是无源之水、无本之木，所有技术和应用也都无从谈起。可以说，数据在大数据的整个生态体系里面拥有核心的、最无可代替的地位。大数据平台的数据来源主要有数据库、日志、前端埋点、爬虫系统，我们接下来一一简述。

1. 从数据库导入数据

在大数据技术风靡之前，关系数据库（RDMS）是数据分析与处理的主要工具，我们已经在关系数据库上积累了大量的处理数据的技巧、知识与经验。所以当大数据技术出现的时候，人们自然而然就会思考，能不能将关系数据库中关于数据处理的技巧和方法转移到大数据技术上，于是 Hive、Spark SQL 这样的大数据 SQL 产品就应运而生。

由于互联网在很多场景下需要毫秒级的响应，所以很多核心操作还是读写 MySQL 一类的关系型数据库，而不是通过 Hive 提供的 SQL 操作去读写大数据仓库。在一个大型平台/网站中，多个 MySQL 关系型数据库和大数据 Hadoop 等组件共存；当需要进行数据分析的时候，需要事先通过 Sqoop 把 MySQL 的数据库同步到大数据平台，然后在大数据平台上做分析处理；而大数据平台做好的分析处理结果除了写入 Hadoop 等大数据组件做持久化存储，也可能会被写入某个

MySQL 数据库便于网站后续做实时调取。

要用大数据对关系数据库上的数据进行分析处理，必须要将数据从关系数据库导入大数据平台上。目前比较常用的数据库导入工具有 Sqoop 和 Canal。

2．从日志文件导入数据

日志也是大数据处理与分析的重要数据来源之一。应用程序的日志一方面记录了系统运行期的各种程序执行状况，另一方面也记录了用户的业务处理轨迹。依据这些日志数据，可以分析程序执行状况，如应用程序抛出的异常；也可以统计关键业务指标，如每天的 PV（PageView，页面访问量）、UV（UniqueVisitor，独立访问用户数）、浏览数 Top N 的商品等。

Flume 是大数据日志收集常用的工具。Flume 最早由 Cloudera 开发，后来捐赠给 Apache 基金会作为开源项目运营。

3．从前端埋点采集

前端埋点数据采集也是互联网应用大数据的重要来源之一，用户的某些前端行为并不会产生后端请求，如用户在一个页面的停留时间、用户拖动页面的速度、用户选中一个复选框然后又取消了。这些信息对于大数据处理，对于分析用户行为，进行智能推荐都很有价值。但是这些数据必须通过前端埋点获得。所谓前端埋点，就是应用前端为了进行数据统计和分析而采集数据。

事实上，互联网应用的数据基本是由用户通过前端操作产生的。有些互联网公司会将前端埋点数据当作最主要的数据来源，用户所有前端行为，都会被埋点采集，再辅助结合其他的数据源，构建自己的大数据仓库，进而进行数据分析和挖掘。

对于一个互联网应用，当我们提到前端的时候，可能指的是 App 程序，如 iOS 应用或者 Android 应用，安装在用户的手机上；可能指的是电脑网页，使用电脑浏览器打开；也可能指的是手机网页，由移动设备浏览器打开；还可能指的是微信小程序，在微信内打开。这些不同的前端使用不同的开发语言开发，运行在不同的设备上，每一类前端都需要解决自己的埋点问题。

本书前面章节已经介绍过前端网页埋点采集数据，我们在此不再赘述。

4．从爬虫系统采集

通过网络爬虫获取外部数据也是公司大数据的重要来源之一。有些数据分析需要行业数据支撑，有些管理和决策需要竞争对手的数据做对比，这些数据都可以通过爬虫获取。

对于百度这样的公开搜索引擎，如果遇到网页声明是禁止爬虫爬取的，通常就会放弃。有的网站为了禁止爬虫获取到敏感数据，通常也会采用一些反爬虫技术，如检查请求的 HTTP 头信息是不是爬虫，以及对参数进行加密等。很多大数据平台花了一些技术手段破解这些技术就是为了爬到想要的数据。这里需要特别注意的是，违规爬取声明禁止的数据，有可能要负法律责任，所以这里的建议是不要违规使用爬虫技术获取禁止数据。

数据来源有了，接下来就是利用工具把数据对接到大数据平台。

数据库同步通常用 Sqoop，日志同步可以选择 Flume，埋点采集的数据经过格式化转换后可通过 Kafka 等消息队列进行传递，见图 3-6。

3.3.2 数据处理

数据处理是大数据存储与计算的核心。大数据处理以存储为主要功能。说到存储，我们先介绍两个概念：HDFS 与 HBase。HDFS 是 Hadoop 分布式文件系统。HBase 是运行在 Hadoop 上的分布式非关系数据库。HDFS 为 HBase 提供了高可靠性的底层存储支持。

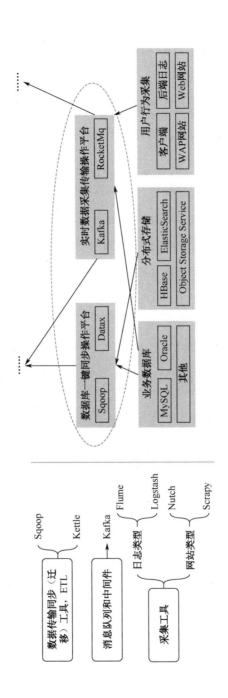

图 3-6 大数据平台数据采集

大数据平台上的数据主要存储在 HDFS。MapReduce、Hive、Spark 等通过读取 HDFS 上的数据进行计算，并将计算结果写入 HDFS。

MapReduce、Hive、Spark 等进行的计算处理被称作离线计算，HDFS 存储的数据被称为离线数据。在大数据系统上进行的离线计算通常针对（某一方面的）全体数据。比如，针对历史上的所有订单进行商品的关联性挖掘，这时候数据规模非常大，需要较长的运行时间，这类计算就是离线计算。

除了离线计算，还有一些场景，其计算数据规模也比较大，但是要求处理的时间却比较短。比如，淘宝等电商平台要统计每秒产生的订单数，以便进行监控和宣传。这种场景被称作大数据流式计算，通常用 Storm、Spark Steaming 等流式大数据引擎来完成，可以在秒级甚至毫秒级时间内完成计算。图 3-7 为大数据平台数据处理的图示。

3.3.3　数据输出与展示

大数据计算产生的数据还会写入 HDFS 中，但应用程序不会到 HDFS 中读取数据，所以必须要将 HDFS 中的数据导出到数据库中。数据同步导出相对容易，计算产生的数据都比较规范，稍作处理就可以用 Sqoop 之类的系统导出到数据库。

这时，应用程序就可以直接访问数据库中的数据，实时展示给用户，如展示给用户关联推荐的商品。淘宝平台上卖家的数据魔方之类的产品，其数据都由大数据计算产生。

除了给用户访问提供数据，大数据还需要给运营人员和决策人员提供各种统计报告，这些数据也会写入数据库，被相应的后台系统访问。很多运营人员和管理人员，每天一上班，就要登录后台数据系统，查看前一天的数据报表，看业务是否正常。如果数据正常甚至上升，就可以稍微轻松一点；如果数据下跌，焦躁而忙碌的一天马上就要开始了。图 3-8 为大数据平台数据输出与展示。

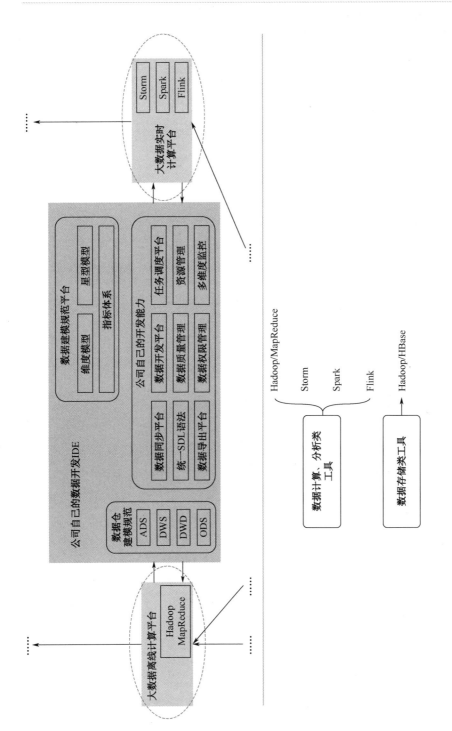

图 3-7 大数据平台数据处理

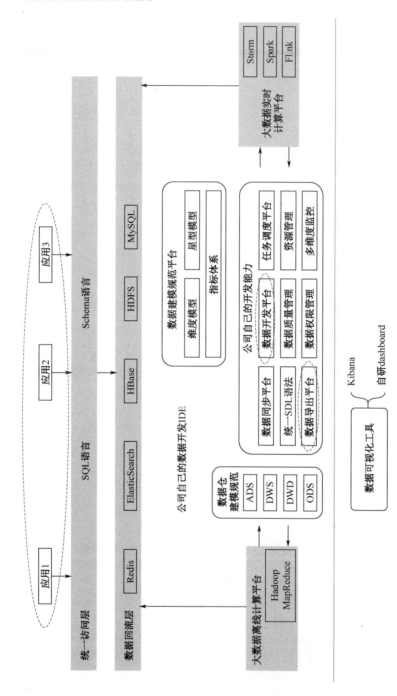

图 3-8　大数据平台数据输出与展示

3.3.4 大数据的调度管理

将上面三个部分的内容整合起来就是大数据平台的任务调度管理系统，不同的数据何时开始同步，各种 MapReduce 计算、Spark 任务如何调度才能使资源利用最合理，等待的时间又不至于太久，同时临时的重要任务还能够尽快执行，这些都需要任务调度管理系统来完成。

有时候，对分析师和工程师开放的作业提交、进度跟踪、数据查看等功能也集成在这个任务调度管理系统中。

简单的大数据平台任务调度管理系统其实就是一个类似定时任务系统，按预设时间启动不同的大数据作业脚本。复杂的大数据平台任务调度还要考虑不同作业之间的依赖关系，根据依赖关系进行作业调度，形成一种类似工作流的调度方式。

对于每个公司的大数据团队，最核心开发、维护的也就是这个系统，大数据平台上的其他系统一般都有成熟的开源软件可以选择，但是作业调度管理会涉及很多个性化的需求，通常需要团队自己开发。开源的大数据调度系统有 Oozie，也可以在此基础进行扩展。

我们还是把上面的图中与调度管理相关的部分摘出来就更清楚一点。如图 3-9 所示。

图 3-9 大数据平台调度管理

3.4 大数据平台不是核心

大数据平台其实充当的是一个黏合剂的角色，将互联网产生的数据和大数据软件产品打通。

在绝大多数情况下，我们都不需要自己开发大数据产品，我们仅需要用好这些大数据产品，也就是如何将大数据产品应用到自己的企业当中，并将大数据软件产品和企业当前的系统集成起来。

如果把进行数据处理和计算的算法剥离出这个平台，那么大数据平台的主要组成部分就是数据导入（导入采集数据）、作业调度、数据输出与展示等。大数据平台本身要解决的还是与数据存储相关的问题，并不能解决数据分析问题。所以，在海量数据的时代，数据存储、同步等话题的确是当下一定要解决的，大数据平台虽然重要，但不是核心；如何抽象对数据的需求、合适的算法、数据分析如何结合商业结论，这些才是核心。

第 4 章

数据思维之基础问题

数据思维是数据分析中最抽象的部分，它不像技术、算法、工具那样具体固定地去讲述其中的组成。数据思维更像是一种认知、一种能力，是抽象的东西在数据分析中起到"纲举目张"的作用。有了数据思维，才能将技术、算法、工具等具体的内容编织起来，针对不同的业务场景让具体的东西发挥作用，服务于业务。

4.1 数据算法 VS 数据应用

很多人提起数据分析，经常带着这么一种情绪：会用算法就很厉害，不用算法就不合格。

当然，会算法的人是非常值得敬佩的，而且工作非常有价值。但需要强调的是，没有任何一个数据分析项目是不需要懂业务，直接用算法就可以完成的。会算法只是实现数据分析的一个步骤，如果想解决业务问题，首先，需要弄清楚具体的业务问题是什么。是风险管理、减少成本，还是提高利润。明确了问题，接下来就是了解这个业务。比如，要想了解信用卡的风险评分，就需要知道哪些因素会影响一个人的信用。要想预测电影的上座数，就需要知道哪些因素会影响一部电影的票房。所以，从解决业务问题的角度而言，了解业务是比算法研究更为前提的工作。

其次，收集需要的数据。通常这一步花费时间最长。一方面，企业的原始数据并不能直接拿来用，存在缺失值和异常值，需要对其进行清洗，得到干净的数据。另一方面，一个模型需要的数据可能来自多个渠道，这就要求数据分析师把多个渠道的数据关联起来，形成一张大的"宽表"。二八法则同样适用于数据科学领域，数据分析人员 80%的时间都在准备数据，20%的时间在建立模型。所以，从环节耗费的工作量而言，算法在实际项目中并不是占比最多的工作。

最后，从数据中建立业务需要的变量。毫不夸张地说，这一步决定了一个数据模型的成败，没有正确的变量，再高级的算法也无法得到正确的数据模型，"巧妇难为无米之炊"。所以，算法工作做得好不好，得先看算法是否合适，是否拥有正确的变量。算法是"战术性"的，而非"战略性"的。

有了变量这碗"米"，能不能做成一锅好"饭"（模型），就得看选择什么样的算法，如何调整模型的参数，才能确保模型既准确又稳定。这时算法的重要性就凸显出来了。但很多所谓的搞算法的工程师，其实做得更多的是"调包"的工作——调用了各种算法包，如 sklearn 中的某个算法包，就说自己是在做算法研究，其实对算法原理并没有摸到门道。更有甚者，为了算法而算法，几百行数据的样本，本来可以用 Excel 做个数据图表、色阶调整，结果非得搞一个决策树逻辑回归算法去做，费时费力，结果却往往不如 Excel 中的清晰有用，这就是南辕北辙了。

总之，如果想从数据中挖掘价值并指导业务，数据分析师应该思考如何运用数据，从数据中获得有价值的信息，规避风险、增加收入、降低成本、提高效率，不应该是为了算法而算法。把算法作为最重要的课题应该是纯科研人员需要做的事。

4.2　AI 高大上，传统手段失效了吗

"强化学习""对抗网络""卷积神经网络"，这些词在当下广为传播，让很多人以为企业的问题必须用这些技术才能解决；大部分公司也以为他们的公司需要人工智能（AI）和机器学习。实际情况是怎样的呢？其实大部分业务场景和问题，只需要在高质量数据上做统计分析，即可获得有效的商业结论。

人工智能是 20 世纪 50 年代中期兴起的一门新兴科学。近年来，人工智能在商业中的应用越来越多，尤其是数据分析领域。

越是外行，越对人工智能目前能做的事抱有更大的期望。有的人认为，解决问题的时候想尽可能多地给模型各种各样的数据，剩下的工作都由机器来完成，希望能得到一个很好的结果。这种想法，至少目前是不现实的，而且短期内看不到结果。

当所分析公司的数据出现下滑拐点时，要分析其原因，若是由业务变化引起的，则与之相关的东西就多了：可能是其他公司竞品的上线，也可能是公司广告策略的调整，还可能是某个社会热点事件的发生，等等。这些内部或外部因素的发生才引起了数据的变化，只有深刻理解要分析的业务，才能在多个因素之间快速定位到问题的原因，并形成解决问题的方案，为企业的下一步动作进行决策支持。在这一点上，目前的人工智能还是无法学习的，因为它所涉及的因素太多，

随机性太强，它需要人的思考与判断。

不管是什么行业，数据分析都是在做一个为人服务的工作。企业的数据发生变化时，除了反思业务上的原因，更应该思考的是用户为什么会产生这样的行为，用户的情感发生了哪些变化，等等。人有七情六欲，用户的每一个行为，都是其内心活动变化的体现。在人性这一点上，人工智能在短期内还是无法超越人类的，这也是数据分析师对比机器的最大优势。

4.3 以前常用的一些方法论，如 5W2H 法 不灵了

有一些很有用的方法论，如 5W2H（Why-What-Who-When-Where-How-How Much，为什么—做什么—何人做—何时—何地—如何做—多少），广泛应用于企业管理和技术活动，对于决策和执行性的活动措施也非常有帮助。但在数据分析领域，好像很少提这些方法，为什么呢？是因为这些方法过时了吗？

我们从两个角度回答这个问题。

一方面，5W2H 虽然是一个有用的方法，但它的指向性比较单一。因为是人来提问和处理信息，所以往往会将结论指向一个事情的主要因素，这样显得逻辑清晰、重点突出，但是在复杂的商业问题面前就显得力不从心。这是因为复杂的商业问题不会只有一个原因，而是由多个原因引起的。

另一方面，5W2H 其实可以帮助我们厘清做数据分析的步骤，当然这也需要我们灵活使用。我们用一个日活跃用户数量（Daily Active User，DAU）减少的例子来说明。我们先给出使用 5W2H 的思路框架，如图 4-1 所示。

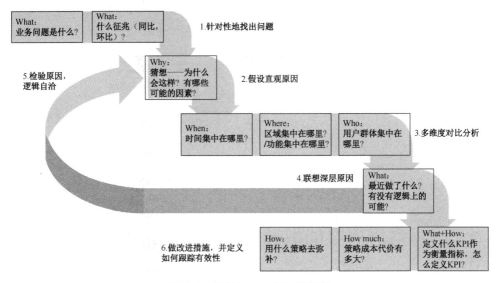

图 4-1　使用 5W2H 的思路框架

我们把日活跃用户数量减少这个例子代入进去，并使用 5W2H 法帮助我们做数据分析如图 4-2 所示。

日活跃用户数量减少（过去一季度）
分析

1.针对性地找出问题
What：业务问题是什么 ────────────────→ 日活跃用户数量减少，付费人数开始流失，利润下降
What：什么征兆（同比，环比）? ─────────→ 日活跃用户数量和付费同比和环比都是下降的
2.假设直观原因
Why：猜想——为什么会这样? 有哪些可能的因素? ─→ 先找到哪个群体、时间段出现了下降，才能更好地找原因
3.多维度对比分析
When：时间集中在哪里? ──────────────→ 时间集中在过去的3个月（6月、7月、8月）
Where：区域集中在哪里? 功能集中在哪里? ─────→ 功能集中在"付费/续费"页面的转化率下降比以前更多
Who：用户群体集中在哪里? ──────────────→ 用户群体主要是注册时间不满1个月的试用期用户
4.联想深层原因
What：最近做了什么? 有没有逻辑上的可能? ────→ 6月开始更新了付费的页面（软件版本升级），同时减少了优惠券的发放
5.检验原因，逻辑自洽
Why：××是基于数据能分析到的原因 ─────────→ 从时间角度和用户群体集中的角度看，软件升级和优惠券减少发放，与日活及付费减少可以逻辑自洽，应该是原因
6.做改进措施，并定义如何跟踪有效性
How：用什么策略去弥补? ──────────────→ 目前不清楚到底是软件升级还是优惠券影响更大，所以恢复优惠券并对软件版本做AB测试
How much：策略成本代价有多大? ───────────→ 用时2个月，优惠券费用估计105万元
What+How：定义什么KPI作为衡量指标，怎么定义KPI? ─→ 对2个月中优惠券的资金投入和获客带来的额外收益做"成本—投入"分析，看是否使用优惠券的策略带来总体收益较好

图 4-2　以日活跃用户数量减少为例，使用 5W2H 法帮助我们做数据分析

从图 4-2 可以看出，5W2H 在数据分析中可作为一个战略性的工具发挥作用。

很多传统的方法在数据分析中依然可以找到自己的位置和作用，只不过很多工具方法在细节上是不能与数据分析的专用工具及算法去较量的，毕竟数据分析体系中的专用工具和算法是用"数据说话"的，细节处理本来就是这些专用工具和算法的优势领域。很多传统的方法可以与数据分析领域的工具和算法结合，更好地服务于数据分析的业务目的。

4.4　信息摘要的敏感性，抓重点的能力

信息或数据会不会说话呢？这取决于使用它的人的个人能力。同样的信息，不同的人可以从不同的角度去解读它，有的人能听出"弦外之音"，有的人可能觉得枯燥无用。所以，能够敏感地解读信息、抓住信息的重点，也是一种数据思维所需要的能力。

例如，这里有一个 2021 年披露的某公司创始人的信息，看能从中解读出哪些信息：×先生，33 岁，本公司执行董事、董事会主席及行政总裁。×先生于 2010 年 10 月成立本公司，负责本公司整体战略规划及管理。×先生于 2009 年 6 月获得郑州大学西亚斯国际学院（现为郑州西亚斯学院）广告专业学士学位，并于 2017 年 6 月获得北京大学光华管理学院工商管理硕士学位。×先生目前担任本公司数家主要附属公司的董事……

能从以上信息中得到的关键信息如图 4-3 所示。

一步步地整理信息，最终把信息指向了我们需要去查找和印证的内容，而互联网时代这些需要查找和印证的信息其实是很容易获得的，这样就会带领我们走向正确的判断和结论。

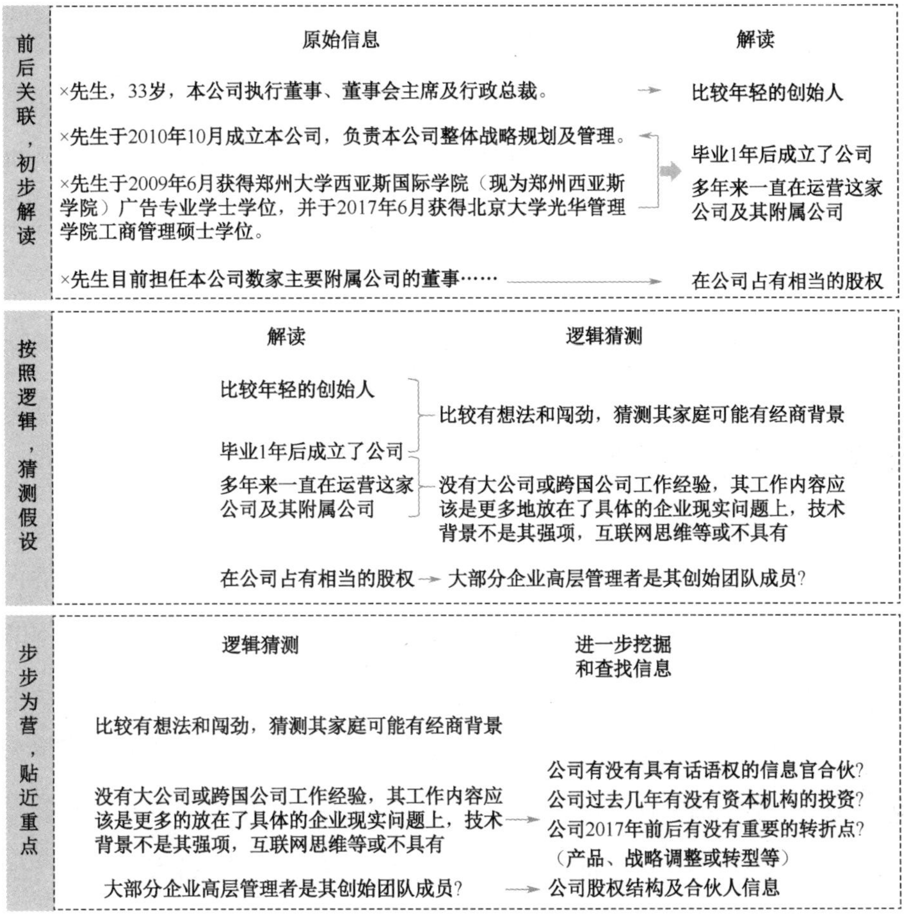

前后关联，初步解读	原始信息	解读

×先生，33岁，本公司执行董事、董事会主席及行政总裁。 → 比较年轻的创始人

×先生于2010年10月成立本公司，负责本公司整体战略规划及管理。

×先生于2009年6月获得郑州大学西亚斯国际学院（现为郑州西亚斯学院）广告专业学士学位，并于2017年6月获得北京大学光华管理学院工商管理硕士学位。 → 毕业1年后成立了公司；多年来一直在运营这家公司及其附属公司

×先生目前担任本公司数家主要附属公司的董事…… → 在公司占有相当的股权

按照逻辑，猜测假设

解读	逻辑猜测

比较年轻的创始人

毕业1年后成立了公司

多年来一直在运营这家公司及其附属公司 → 比较有想法和闯劲，猜测其家庭可能有经商背景

没有大公司或跨国公司工作经验，其工作内容应该是更多地放在了具体的企业现实问题上，技术背景不是其强项，互联网思维等或不具有

在公司占有相当的股权 → 大部分企业高层管理者是其创始团队成员？

步步为营，贴近重点

逻辑猜测	进一步挖掘和查找信息

比较有想法和闯劲，猜测其家庭可能有经商背景

没有大公司或跨国公司工作经验，其工作内容应该是更多的放在了具体的企业现实问题上，技术背景不是其强项，互联网思维等或不具有 → 公司有没有具有话语权的信息官合伙？公司过去几年有没有资本机构的投资？公司2017年前后有没有重要的转折点？（产品、战略调整或转型等）

大部分企业高层管理者是其创始团队成员？ → 公司股权结构及合伙人信息

图 4-3　从描述中解读出的关键信息

4.5　物联网等技术的发展催生了新的数据应用场景

更多数据的提供，尤其是更多有意义的数据提供，的确能够让数据分析更量化，甚至量变引起质变，催生新的业务模式。这时，数据分析不仅可以改进业务，还可以创造业务。

现在的很多家电产品都是所谓的"智能产品"，至少有联网功能，还有配套的App 能设置其功能。这样一来，以往的产品就成了数据的提供端，也就很容易统计这个产品的哪些功能最被常用、哪些不被使用。比如，洗衣机的哪种模式最常使用、哪种模式几乎没有被用户使用？很少被使用的功能是不是反而占了当初设计和制造成本的一大部分？

能否通过对医院的各种收入、支出的数据分析，理解普通群众看病贵的根本原因在哪里？昂贵医疗费用所产生的收入到底去了哪些地方？能否进行相关的制度建设？这不仅可以节省群众的医疗成本，同时还能增加优秀医生的实际收入。催生的新的应用场景是什么？

"五一"和"十一"小长假，大家要开车出去玩，堵车是必然的，那么能否出一个堵车险？每堵车 1 分钟，保险公司给你赔付 1 块钱，补偿一下你那郁闷的心情。看似不错的主意，保险公司为什么不做呢？因为传统的保险公司没有技术手段可以实时监控每一辆车的状态。它不知道你是否堵车，更不知道你堵了多久，也没有数据作为支撑来计算这样的业务是否能够盈利。但是，有了车联网数据，这个业务场景就不一样了。新兴的车联网数据，可以催生一种全新的保险产品，带来一个新兴市场。

4.6　对数据分析的预期，要有合理的参照系

数据分析不仅可以拿出历史数据做结论性分析，也可以用以往的数据来预测尚未发生的事。比如，通过一张包含若干房屋面积和卖房价格的数据表，可以找到数据之间的关系，从而为最近要出售的房屋做售价预测。

现在很多业务案例动不动就提"预测准确率98.5%"，貌似低于95%的预测准

确率都不好意思说出来。其实，预测准确率很高的案例不是说没有或者数据有假，而是它的业务场景是特别的，不能与其他场景一概而论。

如果要预测的结果与输入变量之间有潜在的公式关系，即使这个公式及公式中的参数我们不知道，但只要通过一定数量的输入变量和输出值，我们就能够拟合出输出值与输入变量之间的关系公式，并计算出这个公式里的参数。从而在新的输入变量到来时，得出非常准确的结果。这种案例下，预测准确率很高并不难做到。比如，给出了一个关于炮弹轨迹的数据表，输入变量是时间，输出值是炮弹的位置；需要预测某个新的时间下炮弹的位置，只要通过给出的各组数据拟合出抛物线及其方程参数，给定一个新的时间就应该能得出非常准确的输出值。

很多时候，输出值与输入变量之间的确有一定的关系，但并不是公式关系。比如，一个人的体重与身高，给你一堆体重与身高的已知数据，对于一个新给出的体重数据，你可以预测这个人的身高在什么范围，哪个身高数据的可能性更大，但无法给出非常精确的结论。

所以，数据分析用于预测时，对客户有没有价值，并不在于预测的准确率一定要超过 90% 还是 95%，而在于找到一个合理的参照系。多数情况下，客户对预测精度没有合理的预期，因为没有合理的参照系。

什么是合理的参照系？我们可以先弄清楚一个问题：客户在没有你的情况下，自己能做多好？

如果在没有数据分析作为加持手段之前，客户自己只能凭经验达到 50% 的准确率，在使用数据分析之后准确率达到了 70%，那么说明数据分析的各种措施起到了作用，也往往说明数据分析在这个案例中是有价值的（有多大价值看这 20% 的提升会带来多大商业效果）。

第 5 章

数据思维之数据素养

本章继续讲述数据思维的数据素养，主要围绕如何把业务问题转换为数据分析问题，解决以下问题和疑问：

（1）知道数据分析的概念，但遇到具体问题却不知道它怎么用，这是为什么？

（2）为什么问题分析一旦停留在浅层，就不能得到指向性的结论？

（3）不同的业务层次，需要不同的数据分析手段吗？

5.1 数字时代，数据素养是重要的技能

数据素养（Data Literacy），是近年来越来越多被提及的概念。我们先看它较为官方的定义：数据素养是对媒介素养、信息素养等概念的一种延续和扩展，至少包括以下五个维度的内容：对数据的敏感性；数据的收集能力；数据的分析、处理能力；利用数据进行决策的能力；对数据的批判性思维。数据素养是数据分

析链条中的一个环节。

总体来说，数据素养是具备数据意识和数据敏感性，能够有效且恰当地获取、分析、处理、利用和展现数据，并对数据具有批判性思维的能力，是对媒介素养和信息素养的延伸和扩展。

在数据分析的所有链条中，数据分析的思路还是很重要的，尤其是把业务问题转化为数据分析问题，是重中之重，但不是唯一重要的。

思维、思路、思考，是对信息加工的过程。能够进行深度思考，则是对信息的精细加工，进而获取比别人更全面、更具体、更接近真相的分析结论。从这个角度来说，思维方法、思考的确很重要。但同时，思考的基础是信息、数据。如果你缺乏足够的知识（算法）和经验（历史数据），或者知识和经验都是错的，那么就不可能进行逼近真相的思考及分析。

例如，即使是一个经验丰富的老法官，如果没有了解事件的全部真相，那么他也有可能做出错误的判决。

因此，要想得出正确的分析结论，就必须积累知识、积累经验、积累技巧（工具使用）。没有任何方法可以替代脚踏实地，没有任何方法可以替代积累的重要性。学习思路、思维，也只是服务于正确分析这个目的。没有丰富的知识、技巧、经验作为基础，思路、思维就会像"空中楼阁"，中看不中用。因此，我们一定要有积累的意识，与时间做朋友，耐心学习所在领域的知识和技巧、收集优质的信息和数据。这与思路、思维同样重要，是得出正确分析结论的前提。

5.2 把一个具体业务问题转化成一个数据可分析问题

如何把业务问题转换为数据可分析问题是数据素养的重要方面。为什么？因为业务问题的问法对于数据分析师来说太"突兀"，"不显山不露水"，是两套语言。

数据分析领域，主要分为以下七类：描述性统计，假设检验，方差分析，回归分析（逻辑回归，线性回归，非线性回归），聚类分析，主成分降维分析，异常检测，如图 5-1 所示。

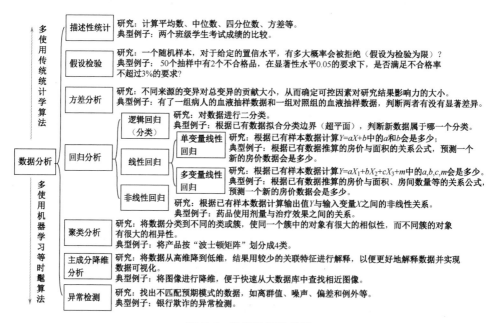

图 5-1　数据分析的分类

数据分析问题，一般是这种套路：①得说清楚研究哪个变量；②得说清楚要对这个变量做什么，是与其他数据进行比较，是对它进行分类，是判断它是否异常，还是研究它与其他因素之间的关系。

一般来说，业务问题都是比较抽象的、宽泛的，甚至感性的。例如：

（1）"我想知道在这个渠道投放广告是不是一个正确的选择？"

（2）"作为银行，我们的网点数量和结构合理吗？需不需要关掉一些网点？是不是需要把一些社区网点升级为旗舰网点？"

（3）"希望能够提升我们连锁超市的销售额，我们去年基本没有增长。"

直接解决这样的问题是很困难的，可能有的时候可以依赖直觉或经验，但更多时候这样是没有说服力的，因为缺乏科学的分析和推理，所以要用数据分析的方法来解决这些问题。而且，这些问题背后通常隐藏着更多潜在的问题和需求，客户询问某个问题的答案"是不是"的时候，并不只是想听到"是"或"不是"，而是希望听到围绕这个问题的思考和逻辑，更多的是想知道"为什么"。

那么重点来了，我们只有把业务问题转化成数据可分析问题，才能用数据分析的方法去解决问题。如果不能把业务问题转化成数据可分析问题，那么任何数据分析都是毫无意义的。

怎么做呢？这里有一个核心词——拆解。首先，把大的业务问题分解成若干个小的问题，把抽象的问题转化成具体的问题，把难于衡量的问题转化成可以量化的问题；然后再使用技术手段去解决这些小的、具体的、可以量化的问题，并提出解决方案。

以第三个例子为例，想要提升连锁超市的销售额，我们是不是可以大致按下面拆解出来的流程和角度去分析。

（1）目前来超市购物的客户都有哪些类型的人群，他们购买的商品有区别吗？这和竞争对手的情况是不是类似？

（2）不再购物的客户都是什么类型的人群，他们都是出于什么原因离开的？

（3）目前购物者的人均消费水平、会员卡使用情况、通过公众号互动情况分别是什么样的，和之前相比变化如何？

（4）宏观市场、促销活动、商品数量、服务质量……都有哪些因素有变化？

（5）基于前面的分析，目前和超市销售额关系较大的是哪些因素？

（6）如果对这些因素进行改变，预测这样的改变能带来多少变化？

（7）设计一个能够提升销售额 10%的改变方案。

……

上述举了三个业务问题的例子，其实很多业务问题更模糊，距离转化成数据可分析问题有很大的鸿沟，如以下的业务描述：

（1）生意不好。

（2）未达预期。

对于这种层次的业务问题表达，我们就得多花点力气来把它拆解成数据可分析问题，如图 5-2 所示。

比如，"用户好像对我们的新款游戏不是很感兴趣"，这是一个很模糊的业务问题，我们可经过上述步骤把它一步步转化成数据可分析问题，如图 5-3 所示。

当然，很多业务问题没有上述例子那么简单。把模糊的业务问题转化成数据可分析问题是需要很多步骤的。很多学数据分析的人，看几个演示和例子就以为自己学会了，实际操作时却不尽如人意，这就是理论和实际的差别。为了避免这种尴尬，接下来我们用一个更复杂一点的例子来说明。

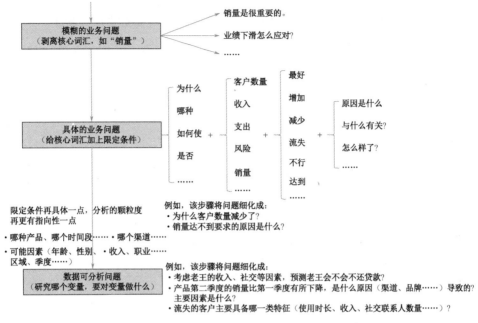

图 5-2　从"模糊的业务问题"到"数据可分析问题"

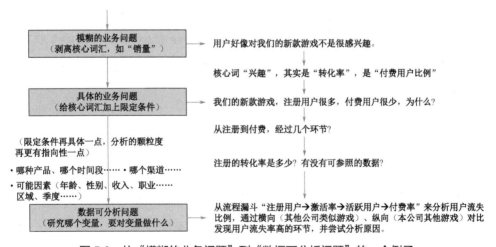

图 5-3　从"模糊的业务问题"到"数据可分析问题"的一个例子

"感觉最近生意不错"这是一个模糊的业务问题，核心词是"生意"，但"生意"不是一个数据分析方面的具体词汇，其实这里能反映"生意"的应该是"销量"或"盈利率"。因此,通过进一步追问哪个时间段被定义成"最近",一个模糊的业务问题就可以转化成一个比较具体的业务问题,如"2020年第四季度产品销量高的原因是什么?"。到了这一步,还需要经过几个引导性问题,将其进一步细化,具体的业务问题就变成了几个较详细的数据可分析问题了,如图 5-4 所示。

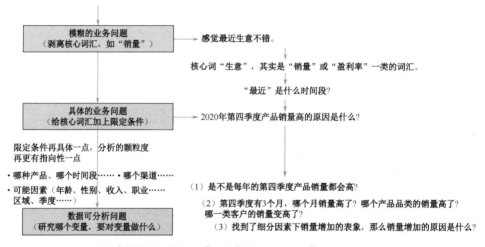

图 5-4 从"模糊的业务问题"到"数据分析问题"的一个较复杂的例子

图 5-4 中问题(1)~(3)环环相扣,每一个问题都是在上一个问题能做出解答的基础上的进一步分析和细化。其实这样的例子更接近于多数情况下实际遇到的数据分析问题。我们需要运用不同的数据分析方法、数据可视化对比等才能得出正确的分析结论。抛开所需数据的可获得性、数据清洗等环节不谈,仅是数据的可视化对比、分析过程就比较复杂了,但现实情况就是如此。

转换成的数据分析问题环环相扣,需要一步步解答,如图 5-5 所示。

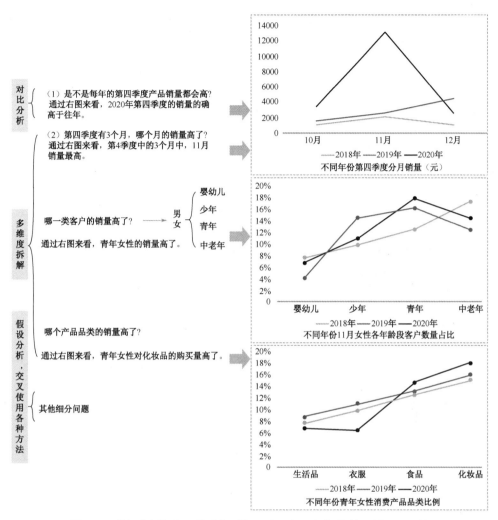

图 5-5　数据分析问题可能会拆成好几个、好几层问题并需要一一回答

5.3　层层拆解，才见真章

任何一个整体都可以先将其拆分成多个部分、多个维度，再进行分析。不擅于思考的人总是希望找到一颗万能药，来解释自己知道的一切。而擅于思考的人，

总是会将一个整体分成不同部分、不同维度，再基于不同情况进行讨论。

要想真正洞悉事物的本质，就绝对不能用一个维度来看待事物，更不能将一个复杂的事物看作一个整体，而不做具体分析。当我们能够将一个看似整体的事物分割得越来越细致时，才能看清它的本质。

总而言之，"拆解"是把业务问题转化成数据可分析问题的关键技巧。但怎么拆，是要灵活使用且要建立在对业务的了解之上的。上述几个例子中，我们按流程漏斗（注册用户→激活率→活跃用户→付费率）拆解过问题，按年龄段（婴幼儿、少年、青年、中老年）拆解过问题，按时间（年度和月份）、产品类别拆解过问题。层层拆解，每一次通过拆解找到了"主要矛盾"或"关键因素"后，继续对这一个因素的子因素做拆解，然后对比分析，只有这样才能越来越接近答案，这是一个"抠根儿"的过程。

一个简单的销量问题，涉及销售方式、性别、销售渠道、地域、产品类别、产品子类别、价格区间等因素。

不当的做法是什么呢？刚用一个维度进行了数据对比（比如，销售渠道），接下来就用另一个维度进行数据对比（比如，产品类别）。这样是发现不了问题的。

正确的做法是什么呢？用一个维度进行了数据对比后，再用根据这个维度发现的结果进行第二个维度的叠加分析。比如，先用销售渠道进行分析，发现渠道 A 占了主要因素，那么接下来分析产品类别时，便继续分析渠道 A 中销售的产品类别 1、产品类别 2、产品类别 3……谁占了主要部分或谁对比历史数据变化最大。

我们以服装垂直电商的销售为例，展示一下上述"层层拆解"和"不断叠加"的过程，最终目的是通过数据看看这个品类做互联网化还有多大的价值，如图 5-6

所示。

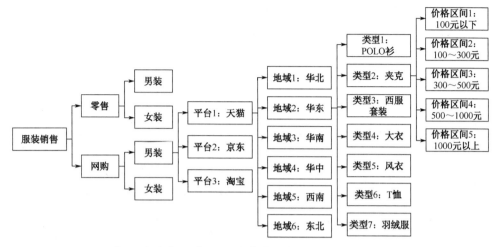

图 5-6   "层层拆解"和"不断叠加"将业务问题解析为数据可分析问题

层层拆解的方式需要对问题有灵活的洞察能力，对业务有了解能力。当然，有时候还需要按公式进行拆解，这就不仅需要了解业务，更需要理解业务。

比如，某个网络产品的销售额，因为是通过不同渠道来推广流量的，所以销售额与流量之间存在公式关系，如图 5-7 所示。

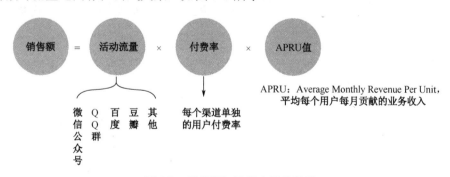

图 5-7   销售额与流量之间的关系

5.4 细致拆解与辛普森悖论

辛普森悖论（Simpson's paradox）是 1951 年爱德华·H. 辛普森（Edward H. Simpson）在他发表的论文中阐述的一种现象，只看数据整体，可能注意不到"数据内部各个部分构成的差异"，容易导致统计数字相当不可靠，特别容易误导人。

通俗地讲就是，量与质是不等价的，无奈的是量比质来得容易，所以人们总是习惯用量来评定好坏，而此时数据直观地反映出来的结果往往是错的。

举个例子更能说明问题。假如一个患者得了某种疾病，附近有两家医院可以选择，通过多方打听和数据收集，搜集了这两家医院的数据：

● 医院 A 最近接收的 1000 个患者里，有 900 个患者治好了，100 个患者没治好，治愈率为 90%。

● 医院 B 最近接收的 1000 个患者里，有 800 个患者治好了，200 个患者没治好，治愈率为 80%。

看起来最明智的选择应该是医院 A，治愈率很高，有 90%。但是，如果医院 A 最近接收的 1000 个患者里，有 100 个患者病情很严重，900 个患者病情并不严重。在这 100 个病情严重的患者里，有 30 个患者治好了，70 个患者没治好，所以病重的患者在医院 A 的治愈率是 30%。而在病情不严重的 900 个患者里，870 个患者治好了，30 个患者没治好，所以病情不严重的患者在医院 A 的治愈率是 96.7%。

医院 B 最近接收的 1000 个患者里，有 400 个患者病情很严重，600 个患者病情并不严重。在这 400 个病情严重的患者里，有 210 个患者治好了，190 个患者没治好，所以病重的患者在医院 B 的治愈率是 52.5%。而在病情不严重的 600 个患者里，590 个患者治好了，10 个患者没治好，所以病情不严重的患者在医院 B 的治愈率是 98.3%。

做成统计表，如图 5-8 所示。

医院A

病情	没治好	治好了	总数	治愈率
严重	70	30	100	30%
不严重	30	870	900	96.7%
合计	100	900	1000	90%

医院B

病情	没治好	治好了	总数	治愈率
严重	190	210	400	52.5%
不严重	10	590	600	98.3%
合计	200	800	1000	80%

图 5-8　医院 A 与医院 B 的数据

由图 5-8 可以看到，在区分了病情严重和不严重的患者后，不管怎么看，最好的选择都是医院 B。但是只看整体的治愈率，医院 A 反而是更好的选择。

从统计学的角度来看，出现辛普森悖论的原因是这些数据中潜藏着一个捣乱因素——潜在变量（Lurking Variable）。比如，在上面这个例子里，潜在变量就是病情严重程度不同的患者占比。如果从医学和社会学的角度看，也常常会遇到辛普森悖论，从而得出错误的结论。如果有一个潜在变量逃脱了你的眼睛，那么统计数字得出的结论还可信吗？对于那些不怀好意的人来说，他们很容易对数据进行拆分或归总，从而得到一个对自己有利的指标，去迷惑甚至操纵他人。

辛普森悖论的存在，让我们不可能仅用笼统的统计数字来推导准确的因果关系。我们能做的，就是仔细地研究分析各种影响因素，不要笼统地、概括地、浅尝辄止地看问题。通常，把数据拆解和分类得越细，越可以最大限度地避免辛普森悖论的发生。

5.5　减熵：把事情流程化，把关系图谱化

很多人对"熵"并不陌生，熵就是混乱度。混乱度增加，则熵值增加。自然界的变化是一个从有序到无序的过程，也就是熵值不断增加，混乱程度也不断增加的过程，这就是"增熵定理"。

人类要做的各种管理活动是一种"反熵"或"减熵"的运动，即从无序到有序、让状态变好、使混乱程度下降。为了做数据分析，把数据按不同的维度和因素层层拆解，也是一个减熵的过程。

这里提到减熵，是想把它联系到数据思维、数据素养的方法当中。将复杂的东西其进行拆分，其目的是变得简单。比如，做软件架构。软件架构是一个复杂的活动，但为了让软件后续的开发、修改及维护变得简单，所以要将整个软件拆分成不同的层、组件、连接构件等。因为人脑处理不了太复杂的东西，只有把软件进行架构分层，才能在每个层次上集中精力做好设计工作。

再如，结网式学习。把所有刚学的新知识和之前学过的旧知识联系起来，是需要付出很多精力的。之所以要付出精力，是为了减熵。现如今知识更新速度太快，知识杂乱而又庞大，只是纯粹地堆积，是很难将它们记住的，所以要把每个知识之间互相联系起来，不断地唤起学习过的旧知识，通过对比、类比、分类、系统等各种各样的方法不断地刺激它们，牢固理解进而掌握新知识。虽然多花了精力去梳理、联系、对比和类比，但只有这样才能消化吸收新知识，让新知识在脑子里有印象。

在数据分析这一话题里，除了有把数据按不同的维度和因素层层拆解的这种减熵活动，还可以有哪些呢？这里我们说另外两种——把事情流程化，把关系图

谱化。

5.5.1　把事情流程化

流程化意识指的是，当你在分析某个业务出现问题的原因时，别忘了利用数据结合业务的流程来分析，这样就容易找出数据的"突变"或"异常"发生在哪个阶段，从而更容易获得数据分析的意义，毕竟数据分析是为了发现和解答业务问题。我们之前说的流程漏斗（注册用户→激活率→活跃用户→付费率）其实就是一种流程化的体现。

不仅在数据分析过程中，而且在数据分析的前序或后续中，流程化思维也是一种重要的方法。举一个例子，在具体制订某项运营工作计划的时候，需要先完整描述用户参与的全部流程，并且针对流程中的每一个关键节点进行详细设计，想清楚客户的行为路径，从客户满意的角度设计流程。比如，做一个推广活动，想通过这个活动给某个微信公众号带来粉丝，是不是在活动现场签到处放个二维码就行了？这种"单刀直入"式的方式显然太简单了，不符合实际情况。按流程化思维，我们可以先来梳理一下这个活动从前到后的整个流程，基于流程来看一下在每一个环节都有哪些事情是要做的和可做的，具体如图 5-9 所示。

图 5-9　一个推广活动的流程化拆解

要想在这个过程中收集数据，用以分析从宣传/推送环节到报名再到参加活动，甚至后续环节哪些用户会持续活跃，就需要流程化思维来做后续的数据分析。

数据分析和运营是紧密结合的，这也是在这里举一个运营例子的原因，本书后续还会继续讨论这个话题。

5.5.2 把关系图谱化

图谱化思维就是要剖析出事情的模型，或者说作用机制，找到核心要素/支点及核心要素之间的组成关系。在侦探题材电影中，我们经常看到侦探将有关案件的所有信息粘贴在墙上以便发现案件的一些隐藏关系，找到关键人物和关键节点，因为这很可能是解决案件的重点。

那么图谱化思维跟数据分析有什么关系呢？为什么把它算作一种数据素养呢？

在做数据分析的时候，我们经常会做相关性分析，就是分析两件事或两个变量之间有没有相关性。多数情况下，仅知道相关性就能够帮助我们解决业务问题。比如，我们拿到一组数据，超市里的冰激凌的销量与啤酒的销量正相关，相关系数是 0.73，已经是比较强的相关关系了。那么我们在冰激凌销量上升的时候，也应该多准备啤酒的库存。但冰激凌销量上升是导致啤酒销量上升的原因吗？显然不是。把这个个例抽象表达出来就是：如果 A 和 B 有正相关关系，A 提升 B 也提升，我们却不能由此简单得出结论：B 提升的原因就是 A。更明显的一个例子是，每天早上公鸡一打鸣，太阳就会升起，但我们能说公鸡打鸣导致了太阳升起，或者太阳升起是因为公鸡打鸣导致的吗？如果我们把公鸡杀掉，太阳还是会升起。所以，太阳升起和公鸡打鸣是相关关系，但不是因果关系。

很多时候，我们只需要知道事件之间的相关性就可以了；但有些时候还需要知道事件之间的因果性才能帮我们更好地解决问题。这时，就需要知道变量之间的作用机制了，也就是说，把关系图谱化就变得重要了。比如，通过数据发现，蜜蜂数量和防晒霜的销量高度相关，蜜蜂越多，防晒霜的销量越高。这时如果要给防晒霜做广告，是不是要强调蜜蜂呢？显然是不合适的，这两种数据之间是有相关关系，但是它们之间有因果关系吗？也就是说，蜜蜂数量变多是用户购买防晒霜的原因吗？其实，蜜蜂数量变多的日子，通常天气也好，于是用户会增加户外运动，买防晒霜是为了在户外运动时使用。所以，给防晒霜做广告需要提到户外运动，而不是提到蜜蜂，如图 5-10 所示。

图 5-10　相关性与因果性

商业中很多类似的例子，找不对模型或关系图谱就找不到解决问题的真正要点。例如，一家公司因发展过快而导致破产，经营人员的直觉是，公司破产的一部分原因是与竞争对手的价格战激化导致了利润消失，那是不是只要把价格提上来，问题就解决了呢？其实还是要从机制模型或关系图谱中去分析问题的根本原因。如果能找到类似的关系图谱（公司刚成立时，产品价格低廉且服务周到→顾客数量快速增长→人员扩招，新人比例增大→服务水平下降→客户流失→营业额下降→固定费用负担变重→利润急速下降→服务水平低、价格相对高→客户流失），那么针对这个关系图谱进行分析，就会发现主要因素是"服务水平下降"带来了客户流失，而"固定费用"又居高不下，这才是问题的真正症结。如果要提高价格，那么对应地提高服务水平才能有用，单纯地提高价格不会带来预期的好结果。

生活中也有很多这样的例子。给孩子买了参考书后，孩子的成绩提高了，不能简单地认为：买参考书→成绩提高。这其实是一个错误的模型，因为根据这个模型，那么只需要买更多的参考书，成绩就能一直提高。真实的模型应该是：买参考书→孩子（用这个参考书）学习→成绩提高。这其中的关键点是孩子是否用参考书进行了学习。

总之，数据分析大多数时候能够找到相关性，并利用相关性服务于业务，但很难通过获取的数据本身发掘出因果性。因果性需要数据分析师自行建立关系图谱或机制模型，然后去思索和验证，进而找到正确的因果性，从而优化业务。对于数据分析工作，目前的人工智能阶段无法取代人，这也是其中的一个例证吧。

5.6　指标思维

建立指标体系的思维，主要用在将数据分析结果导入业务问题解决的过程中。怎么监控和判断业务是否按计划执行？这个过程中依然要做数据采集和分析，以便于将得到的指标与指标计划值进行比对。

一件事，如果只分"开始"和"结束"，恐怕也太简单了。想要一个结果，过程中不做任何监视和调整，只等着拿到自己想要的结果，这种"播下种子只等着摘果子"的思路肯定行不通。所以，为事情或待解决的问题设立指标，甚至是指标体系，就变得很重要。关注并调整过程，结果可控；不关注过程只要结果，缘木求鱼。

因为指标体系包含指标，所以我们把这两件事放到一起来说。什么是指标体系呢？实际工作中，用一个指标往往不能解决复杂的业务问题，这就需要通过使用多个指标从不同维度来评估业务，也就是使用指标体系。指标体系由多个指标组成，有不同的分类方法，以下将做简要介绍。

5.6.1 按层次拆解的指标体系

所谓按层次拆解，就是说指标体系可以分为"一级、二级、三级……"，自顶向下，逐渐细化，像一个金字塔的形状。

例如，一个公司的年度总体目标可以作为一级指标，部门级别的目标可以作为二级指标，部门内部的某些具体事项可以作为三级指标，在这个基础上可以有四级甚至更多级的指标，如图5-11所示。

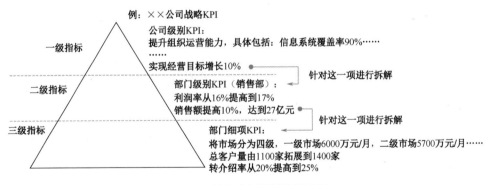

图5-11　按层次拆解的指标体系

5.6.2 按流程拆解的指标体系

做事是有流程的，有时候要想求得结果就需要在过程中做一些调整和把控，这样才能依靠流程中每一步KPI的调整最终达到整体KPI指标。

例如，要提高一个产品的网上销量，而网购的步骤是"浏览→加入购物车→支付"，那么就不能只盯着最后一个环节，而是要在前面的环节就把"蛋糕做大"，如图 5-12 所示。

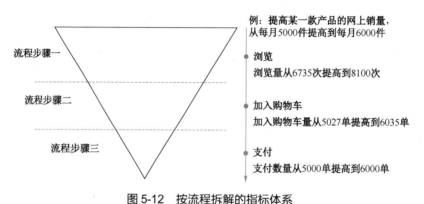

图 5-12　按流程拆解的指标体系

5.6.3　按维度拆解的指标体系

按维度拆解，就是从可能影响指标的多个方面来划分指标体系。常见的有按区域划分、按年龄段划分、按性别划分等。

例如，把浏览量从每月 1 万次提高到每月 2 万次，那么可以从不同的维度来考虑如何做成这件事，如图 5-13 所示。

为了分类说明拆解指标体系的方法，而将其划成三种，实际的案例中往往是"你中有我、我中有你"，混杂在一起的。

例如，某旅游公司营业额想从目前的每月 170 万元做到每月 220 万元，该怎么拆解指标才能达成这个营业额呢？此时就可以综合运用指标体系的划分方法，将总体目标拆解为细化的 KPI 指标，如图 5-14 所示。

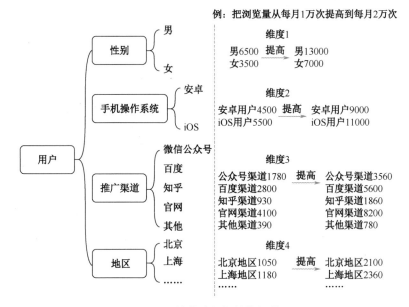

图 5-13　按维度拆解的指标体系

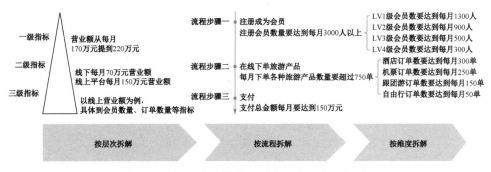

图 5-14　综合使用指标体系的拆解方法来细化指标

当然，这里需要注意的是，在我们举的这个例子中，指标体系综合使用了"按层次拆解""按流程拆解""按维度拆解"的方法，但不一定在所有的例子中都会用到这三种不同的拆解方法。也不是说其他例子也是先使用"按层次拆解"，继而使用"按流程拆解"，最后使用"按维度拆解"；要根据实际的情况，灵活使用这些指标体系拆解方法。

说完了指标体系，我们再来看看指标体系的成分，也就是有哪些常用的指标。常用的指标是分行业的，也就是说不同的行业有不同的指标。在这里，我们只能"以偏概全"地说一下有哪些常用的商业指标，毕竟各行各业的指标、不同领域的指标都不一样，这里只能谈谈常用的指标。至于专业领域的、不同行业的指标，无法一一列举，这里我们只列举与商业直接相关的、常见的指标，如图 5-15 所示。

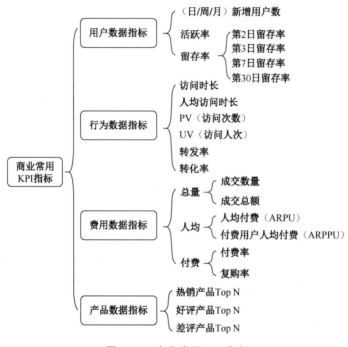

图 5-15　商业常用 KPI 指标

有了以上的内容，我们针对具体的业务问题列出数据指标并不难，但我们要尽量找出"好的数据指标"。难道数据指标还分好与坏吗？是的，这里所谓"好的数据指标"主要是指更能够反映业务问题的数据指标，主要包括五个特征。

第一，指标体系的层次划分有逻辑关系，如一级、二级、三级指标体系之间是层层细化、有逻辑关系的。如果达到第三层指标体系里的各个 KPI 指标，那么第一级的 KPI 指标也就能够达到。

第二，最高层（第一级）业务指标体系的各个 KPI 指标是能够反映业务重点的。比如，公司关注利润，那么销售部门的第一级业务指标就应该围绕营销数量、营销成本、人均客单量等指标展开，而财务部门应该围绕预算成本、账务误差率等指标展开。

第三，指标的拆解（从第一级到第三级甚至更细）需要有业务意义。有的报表上的指标很丰富，但是没有实际的业务意义。比如，销售对比区域成绩时，按区域、季度等拆分都是有意义的，如果按用户年龄、销售人员年龄拆分就意义不大。

第四，很多时候，数据指标应该是相对数，也就是比例，通常要想理解一个数字的真实含义，最好把它除以一个参考数值（如总数、上年同期的数字等），换算成一个比例，这样更容易发现问题。

第五，指标需要具有时间性和可定义性，最好能够定义出公式，这样才能知道原始数据怎么收集、统计的时间范围是什么。

最后还是再强调一下，业务不同，需要关注的核心指标也不同，没有唯一标准的指标。比如，喜马拉雅、酷狗这样的收听软件，关注的核心指标可以是"用户收听时长"，而交友软件关注的核心指标可以是"月活跃用户率"。

即使同样的业务，不同时间段关注的核心指标也会不同。比如，一个收听软件刚开始关注"用户收听时长"，为了占据细分市场，运营成熟后也会转向关注"付费会员比率"等。

第 **6** 章

常见的数据分析综合方法

结合数据整理和数据思维，第 5 章已经介绍了一些数据分析方法，如数据的多维度拆解、流程漏斗等。实际的业务使用场景比较复杂，往往是综合多种数据分析方法来使用的。数据分析方法有很多，虽然无法一一列举，但因为互联网及其相关领域用得最多，所以形成了一定的"套路"，本章将介绍几个常用的数据分析综合方法。

6.1 针对业务问题的"假设检验"

一般我们提到"假设检验"时，大家容易想到的是数学中的问题，也就是，先对总体参数提出一个假设，然后利用样本信息判断这一假设是否成立。假设检验其实就是假设和检验两步，先提出假设，之后再来验证假设是不是合理的。

假设检验的基本思想是小概率反证法思想。小概率反证法思想认为，小概率事件在一次试验中基本上不可能发生。在这种方法下，我们首先对总体作出一个假设，这个假设大概率会成立。如果在一次试验中，试验结果和原假设相背离，也就是小概率事件竟然发生了，那我们就有理由怀疑原假设的真实性，从而拒绝这一假设。

这里，我们不讲数学问题，而是更关注业务问题，所以这里说的"假设检验"并不是数学上的话题，而是一种数据分析的应用方法，遵循"问题→提出假设→收集证据→得出结论"的步骤，最终靠数据"说话"，得到出现问题的根本原因。

提出假设这一步，是假设检验的"破冰"步骤，往往需要结合流程漏斗或多维度拆解等方法，将问题的原因有所指向，然后基于这些怀疑和指向去收集证据并得出结论。

例如，2020 年 11 月，电商平台上青年女性化妆品销量变高的原因是什么？问题有了，怎么提出假设呢？有很多种方式来提出假设，典型的提法是，用"用户原因、产品原因、竞争对手原因"来假设，也可以使用 4P 理论（产品（Product）、价格（Price）、渠道（Place）、推广（Promotion））来假设，还可以从流程漏斗"浏览产品→加入购物车→支付"来假设，等等。至于哪种假设方式更适用，那就要具体情况具体分析，不适用的假设方法往往得不出想要的结论。当然不同的假设方法都能得出比较有效的结论的情况也是有的，还需要看我们更想关注流程，还是更想关注渠道或其他内容，如图 6-1 所示。

这里我们选择使用 4P 理论进行拆分和假设，那么接下来就是从不同角度收集证据这一步了。

假设 1：产品原因。我们发现 2020 年 11 月并没有进行产品上新活动，所有的产品种类都与之前一样，所以关于产品原因的这个假设不成立。

假设 2：价格原因。11 月有一个"双十一"活动，价格的确通过发放优惠券等方式有所降低。所以价格降低的确是化妆品销量增加的原因。

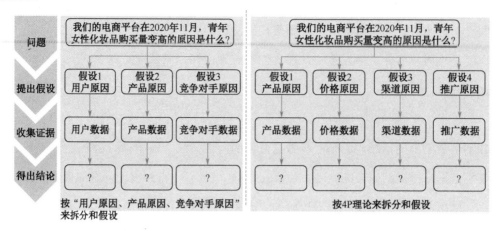

图 6-1　使用不同的假设方法进行假设检验

假设 3：渠道原因。用户的购买渠道都是电商平台，而为了给电商平台引流，我们在 11 月之前动用了三个不同的渠道进行广告宣传，三个渠道分别为 A、B、C。与其他竞争对手在三个渠道上均等投入不同，我们主要侧重对渠道 A 的投入。我们将新的消费用户按照渠道引入的维度拆解，发现来自渠道 A 的消费用户明显比较高，如图 6-2 所示。

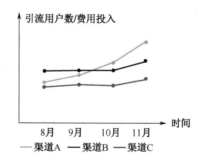

图 6-2　针对假设的数据"证据"进行分析

渠道 A 明显带来了更多的引流效应，所以渠道是影响化妆品销量的原因。

假设 4：推广原因。前序的几个月内，除了在三个不同的渠道引流推广，没有做其他更多的推广活动，所以推广原因的这个假设不成立。

这样，我们就可以汇总得出结论，如图 6-3 所示。

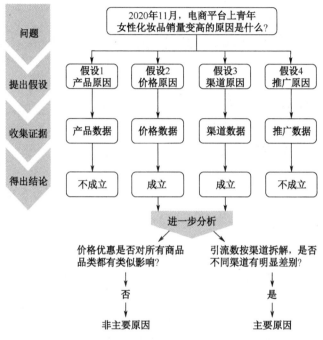

图 6-3　对假设分析进行汇总，做进一步分析

我们的结论是，价格原因和渠道原因是导致 2020 年 11 月电商平台上女性化妆品销量变高的原因，与产品原因和推广原因无关。

为了进一步分析价格原因和渠道原因哪个才是更主要的原因，还可以做进一步分析。比如，价格优惠是否对所有商品品类都有类似的影响？如果通过数据汇总发现结果不能支撑这种说法，那么价格原因可能并非促使化妆品销量变高的主要原因。

6.2 分类利器：波士顿矩阵与 RFM 模型

这里之所以把波士顿矩阵与 RFM（Recency-Frequency-Money，消费的时间间隔—消费频次—消费金额）模型放在一起，是因为它们都是用于分类的。波士顿矩阵用于对产品进行分类，RFM 模型用于对用户进行分类。

6.2.1 波士顿矩阵

波士顿矩阵，由美国著名管理学家、波士顿咨询公司创始人布鲁斯·亨德森（Bruce Henderson）于 1970 年首创。他将市场占有率（Market Share）和销售增长率（Growth）分别作为横坐标和纵坐标，并划分为四个象限。横坐标表示产品在目标市场的占有率，纵坐标表示产品在目标市场的增长率，四个象限分别是明星产品（Star）、现金牛产品（Cash Cow）、问题产品（Questions Mark）、瘦狗产品（Pet/Dog）。通过将产品划分为四个象限，来决策对哪些产品投入资源和资金，对哪些产品减少投入以降低损失。

（1）市场占有率高、增长率高的产品称为明星产品，它们往往是公司的新星，受关注程度高。

明星产品一般是处于成长期的产品，但由于其处于成长期，往往需要进一步扩大投入，因此销售产生的现金流入和为了扩大投入导致的现金流出往往刚好收支平衡。如果企业没有扩大投入，产品会失去市场占有率，成为问题产品或瘦狗产品。但如果持续扩大投入，它就有可能成为现金牛产品。

（2）市场占有率高、增长率低的产品称为现金牛产品，它们往往是公司的核心产品，市场占有率高，毛利也很高。

现金牛产品是那些在成熟市场中有竞争力、占有率高的产品，这类产品的销售投入或研发投入很少。它们产生的现金往往被用来投资新产品、问题产品、明星产品。随着技术、市场的变化，现金牛产品逐渐也会变成瘦狗产品。企业在经营过程中要想尽办法尽可能地延伸现金牛产品的存续时间，方法有定期迭代、推出延续款、与市场趋势同步等。比如，可口可乐的产品并没有发生多大的改变，但它通过明星代言、热门活动赞助等保持与市场同步。

（3）市场占有率低、增长率低的产品称为瘦狗产品。

瘦狗产品的市场占有率、增长率都低。典型的场景就是老产品在老市场上，如 MP3 播放器。

（4）市场占有率低但增长率高的产品称为问题产品。

问题产品的市场占有率低但增长率高，要想持续保持增长就意味着更多的投入。新产品是典型的问题产品，市场增长快、投入巨大，为了持续保持增长还需要更多的现金流入，因此问题产品是吸收现金的。如果对问题产品什么都不做，那么它会持续吸纳现金，这不是一个很好的选择。如果市场占有率也收缩了，那么问题产品就变成了瘦狗产品，所以需要想办法让问题产品变成明星产品。

如果把产品生命周期和波士顿矩阵结合起来看，则有：

（1）新导入的产品往往是问题产品，前途不明朗，但随着持续投入，扩大覆盖，问题产品就有可能变成长期的明星产品；

（2）明星产品持续投入扩大覆盖，就会进入成熟期，变成现金牛产品；

（3）现金牛产品所产生的现金一定要在能够养活其他产品的同时还有盈余，否则经营就有风险了；

（4）现金牛产品逐步衰退，市场份额和增长率双双萎缩，于是就变成了瘦狗产品。

产品生命周期和波士顿矩阵的对应关系如图6-4所示。

类型	利润率（投资前）	策略	投资规模	净现金流入
❓ 问题产品	没有或负数	扩大投资或放弃	很高	负现金流
★ 明星产品	高	持有并扩大投资	高	平衡的
💲 现金牛产品	高	持有	低	高
✖ 瘦狗产品	低或没有	持有或放弃	高	平衡的

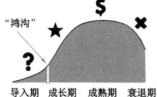

图 6-4　产品生命周期和波士顿矩阵的对应关系

那么，波士顿矩阵怎么与数据分析结合，成为产品分类的利器呢？

获取数据。需要获取的数据除了自己公司产品的市场占有率，还要从行业报告中获取竞争对手的产品的市场占有率及整个行业的销售额数据等，并将其制作成如图6-5所示的市场占有率和增长率表格。

产品	收入（千元）	收入占比	最大竞争对手的市场占有率	本公司产品的市场占有率	相对市场占有率	市场增长率
产品A	500 000	54%	15%	60%	400%	3%
产品B	350 000	38%	30%	5%	17%	12%
产品C	55 000	6%	45%	30%	67%	13%
产品D	20 000	2%	10%	1%	10%	15%

图 6-5　某公司不同产品的市场占有率和增长率

每个产品的相对市场占有率=本公司产品的市场占有率÷最大竞争对手的市场占有率

市场增长率=（产品今年的销售额-上年的销售额）÷整个行业中该产品上年的销售额

接着把相对市场占有率作为纵轴，把市场增长率作为横轴，就得到了一个四象限的矩阵，这个矩阵就是增长率和占有率矩阵分析，也就是波士顿矩阵。

我们可以用 Excel 来简单绘制这个矩阵。

首先针对表格里的数据，选择"推荐的图表"，然后在图表类型中选择"散点图"中的"三维气泡图"，如图 6-6 所示。

第一步，选中表格数据，选择"推荐的图表"　　第二步，选择"散点图"中的"三维气泡图"

图 6-6　用 Excel 绘制波士顿矩阵图（一）

这时的数据图表内容不符合我们的要求，我们需要手动选择数据。在图表上右键单击，"选择数据"，在数据的各个区域选择对应的数值区域。比如，X轴（横轴）选择"相对市场占有率"，Y轴（纵轴）选择"市场增长率"，如图 6-7所示。

第三步，单击"选择数据"对数据图表进行更改　　第四步，编辑数据图表中的数据来源

图 6-7　用 Excel 绘制波士顿矩阵图（二）

这时图表的内容符合我们的要求了，但是 X 轴（横轴）的顺序是常规的"从 0%到 100%"，而波士顿矩阵常采用"从高到低"的顺序，所以我们要更改 X 轴（横轴）为"逆序刻度值"，如图 6-8 所示。

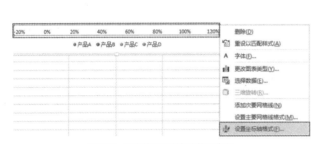

第五步，编辑数据图表中的数据来源　　　　第六步，设置X轴（横轴）逆序刻度值

图 6-8　用 Excel 绘制波士顿矩阵图（三）

这时图表的主体内容已经完成，我们还需要加上四个区域的划分。首先用简单的工具绘制一张图并保存起来，图形的四个区域就是"明星业务、问题业务、现金牛业务、瘦狗业务"；然后把这张图片作为背景图案填充数据图表，如图 6-9 所示。

这样，我们就得到了波士顿矩阵，如图 6-10 所示。

从图 6-10 中我们可以清晰地得出结论：产品 A 属于现金牛业务，产品 C 属于明星业务，产品 B 和产品 D 属于问题业务。

第七步，准备好这样一张图片
（可以在Excel或PPT里画好并保存为图片格式）

第八步，用刚才的图片作为背景，
填充数据图表

图 6-9　用 Excel 绘制波士顿矩阵图（四）

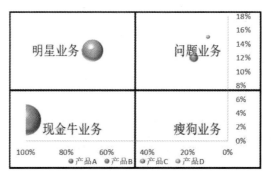

图 6-10　用 Excel 绘制的波士顿矩阵图

6.2.2　RFM 模型

RFM 模型是衡量用户价值和创收能力的重要工具。通过用户的最近一次消费时间间隔、消费频次及消费金额三项指标来衡量该用户的价值情况，以提供个性化的服务和沟通。通过 RFM 模型将用户分成八类，如表 6-1 所示。

表 6-1　RFM 模型的八类用户

用户类别	最近一次消费时间间隔（R）	消费频次（F）	消费金额（M）	运营策略
重要价值用户	高	高	高	VIP 服务
重要保持用户	低	高	高	主动联系召回

续表

用户类别	最近一次消费时间间隔（R）	消费频次（F）	消费金额（M）	运营策略
重要发展用户	高	低	高	想办法提高消费频次
重要挽留用户	低	低	高	分析哪里出了问题
一般价值用户	高	高	低	
一般发展用户	高	低	低	
一般保持用户	低	高	低	
一般挽留用户	低	低	低	

常见的 RFM 模型如图 6-11 所示。

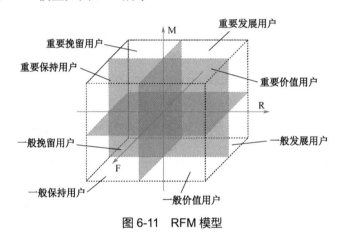

图 6-11　RFM 模型

在实际业务中，关键的问题是，怎样才能将用户按照 RFM 模型进行分类，从而便于对用户执行精细化的运营策略。

要想将用户按照 RFM 模型进行分类，首先需要进行数据采集和数据处理。数据采集一般是通过网页埋点等方式从电商平台获取的。数据处理是将从软件系统中得到的多个数据表单整理成我们需要的 RFM 数据表单，如图 6-12 所示。

然后进行 RFM 打分或分类。一般是先进行打分，然后基于分数进行用户分类。

如何打分？其实没有固定的方法，好的打分方法是能够有一定的区分度，能够指导业务人员采取适当的运营策略。

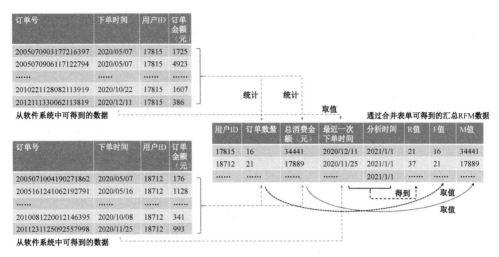

图6-12　将从软件系统中得到的数据表单整理成我们需要的RFM数据表单

一种可行的办法是，数据分析师制定规则，这种规则的制定可以基于逻辑上的直觉，也可以参考竞争对手使用的规则，或者对自己的用户数据有了一定的洞察和分析后给出规则。比如，可以制定如表6-2所示的规则。

表6-2　制定打分规则

按价值打分	最近一次消费时间间隔（R）	消费频率（F）	消费金额（M）
1分	大于90天	小于3次	小于500元
2分	40～90天	3～8次	500～9500元
3分	7～40天	8～12次	9500～15000元
4分	3～7天	12～16次	15000～25000元
5分	小于3天	大于16次	大于25000元

在有了规则的前提下，就可以生成RFM用户分类表格了，如图6-13所示。

另一种可行的办法是，使用聚类算法（K-means）来计算RFM中每一项的打分处于哪个段位。因为我们的打分是1～5分，所以RFM的每一个值都需要4个分界点来界定，那么我们对RFM中的每一项都需要4个聚类。示例代码和结果如图6-14所示。

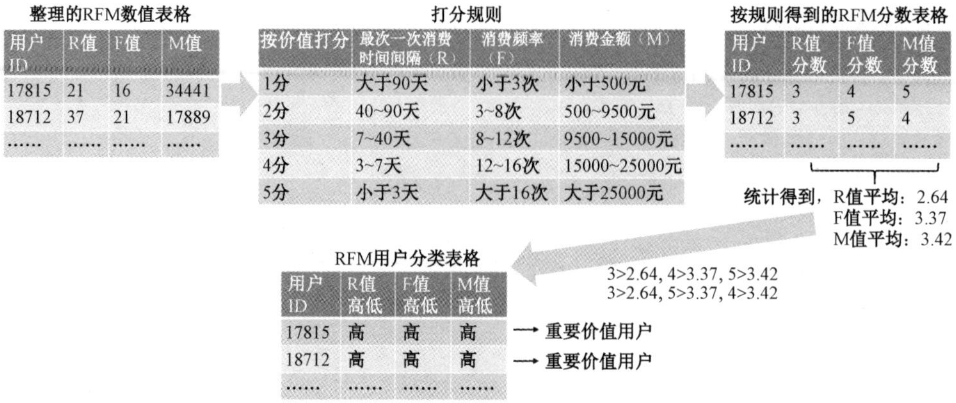

整理的RFM数值表格

用户ID	R值	F值	M值
17815	21	16	34441
18712	37	21	17889
……	……	……	……

打分规则

按价值打分	最近一次消费时间间隔（R）	消费频率（F）	消费金额（M）
1分	大于90天	小于3次	小于500元
2分	40~90天	3~8次	500~9500元
3分	7~40天	8~12次	9500~15000元
4分	3~7天	12~16次	15000~25000元
5分	小于3天	大于16次	大于25000元

按规则得到的RFM分数表格

用户ID	R值分数	F值分数	M值分数
17815	3	4	5
18712	3	5	4
……	……	……	……

统计得到，R值平均：2.64
F值平均：3.37
M值平均：3.42

RFM用户分类表格

用户ID	R值高低	F值高低	M值高低
17815	高	高	高
18712	高	高	高
……	……	……	……

3>2.64, 4>3.37, 5>3.42
3>2.64, 5>3.37, 4>3.42

17815 高 高 高 → 重要价值用户
18712 高 高 高 → 重要价值用户

图 6-13　生成 RFM 用户分类表格

RFM数值表格 RFM_data.csv

R值	F值	M值
21	16	34441
37	21	17889
……	……	……

用Python的K-Means方法计算出合理的分组数据 RFM_Kmeans.py

```python
import pandas as pd
from sklearn.cluster import KMeans # 调用Sklearn机器学习库

# 获取数据
data = pd.read_csv("RFM_data.csv")

# 利用Kmeans获取聚类中心（分界点）
kmodels = KMeans(n_clusters=4) # 分为4个分界点，构造聚类器
for col in data.columns:        # 获取每一列的数据
    kmodels.fit(data[[col]])    # 聚类
    print(col)
    centers = kmodels.cluster_centers_ # 获取聚类中心
    for c in centers:
        print(c[0])
```

RFM_Kmeans.py 程序的运行结果

R值
10.0
3.0
67.0
37.0
F值
12.0
39.0
5.0
21.0
M值
11230.0
34441.0
846.0
21887.0

图 6-14　使用聚类算法（K-means）来计算 RFM 的四个分界点

4 个分界点只要通过聚类算法计算出来，那么就可以定义打分规则并得到 RFM 的用户分类表格，如图 6-15 所示。

使用聚类算法来制定打分规则，而不是凭人工经验或直觉来制定打分规则，我们也同样完成了使用 RFM 对用户进行分类的目的。

RFM_Kmeans.py 程序的运行结果

R值	F值	M值
10.0	12.0	11230.0
3.0	39.0	34441.0
67.0	5.0	846.0
37.0	21.0	21887.0

整理的RFM数值表格

用户ID	R值	F值	M值
17815	21	16	34441
18712	37	21	17889
......	......	......	......

打分规则

按价值打分	最近一次消费时间间隔（R）	消费频率（F）	消费金额（M）
1分	大于67天	小于5次	小于846元
2分	37~67天	5~12次	846~11230元
3分	10~37天	12~21次	11230~21887元
4分	3~10天	21~39次	21887~34441元
5分	小于3天	大于39次	大于34441元

按规则得到的RFM分数表格

用户ID	R值分数	F值分数	M值分数
17815	3	3	4
18712	3	3	3
......			

统计得到：R值平均：2.78
F值平均：2.66
M值平均：2.83

3>2.78, 3>2.66, 4>2.83
3>2.78, 3>2.66, 3>2.83

RFM用户分类表格

用户ID	R值高低	F值高低	M值高低	
17815	高	高	高	→ 重要价值用户
18712	高	高	高	→ 重要价值用户
......	......	......	......	

图 6-15　使用新规则生成 RFM 用户分类表格

6.3　行动步骤利器：AARRR 模型与 UJM 模型

本节之所以把 AARRR（Acquisition-Activation-Retention-Revenue-Referral，用户获取—用户激活—用户留存—获得收益—推荐传播）模型与 UJM（User-Journey-Map，用户—过程—地图）模型放在一起介绍，是因为它们都是注重用户行为的。AARRR 模型用于从乙方视角来看待用户的关键行为，也就是跟收益或潜在收益相关的行为；UJM 模型用于从全局的各个细节处看用户都有哪些行为，从而发现机会点。

6.3.1　AARRR 模型

AARRR 模型的本质是一个流量漏斗模型，每个环节的转化都会带来用户的流失，但相应的用户价值也会提高。

（1）Acquisition（用户获取）：主要关注渠道曝光量、渠道转化率、日新增用户数、日应用下载量、获客成本等指标。

（2）Activation（用户激活）：主要关注日活跃用户数、活跃用户占比等指标。用户激活，最重要的是让新用户使用产品的核心功能，从而体验到产品的价值。比如，很多游戏有免费试玩等，让用户免费试玩的目的应该是让用户体验产品而不是停留在注册阶段。

（3）Retention（用户留存）：主要关注第 2 日留存率、第 3 日留存率、第 7 日留存率、第 30 日留存率等指标。用户留存，最重要的是提高用户使用产品的次数，让用户留下来并引导用户持续产生有价值的行为。

（4）Revenue（获得收益）：主要关注客单价、付费用户占比（Pay User Rate，PUR）、付费用户平均收入（Average Revenue Per Paying User，ARPPU）、生命周期价值（Life Time Value，LTV）等指标。

（5）Referral（推荐传播）：主要关注转发率、转化率等指标。

这里需要强调的是，不要把 AARRR 模型用"死"了，要看到本质，AARRR 模型的本质是一个流量漏斗模型，所以即使一个模型不叫 AARRR，只要它是一个流量漏斗模型，都可以用类似的方法进行数据分析，见图 6-16。

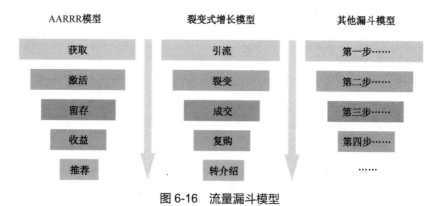

图 6-16　流量漏斗模型

这里我们给出一个例子：一个手机端的网购小程序，用户的使用流程是"浏览→点击（商品）→加入购物车→提交订单→支付"。统计出来的用户在每一个步骤的数量情况如表 6-3 所示。

表 6-3　用户在每一个步骤的数量情况（时间窗：2021 年 9 月第 2 周）

业务流程	用户数/个	流失数量/个	环节转化率	整体转化率
1.　浏览	5796	N/A	N/A	N/A
2.　点击	1912	3884	33%	33%
3.　加入购物车	383	1529	20%	7%
4.　提交订单	191	192	50%	3%
5.　支付	176	15	92%	3%

把表 6-3 中的数据做成图，就是常见的漏斗分析图，如图 6-17 所示。

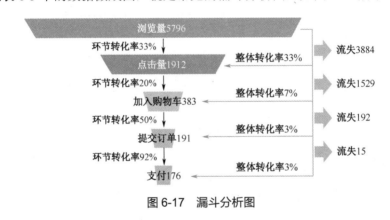

图 6-17　漏斗分析图

通过关注用户转化率和用户流失率，漏斗分析图的作用是直观地定位问题节点，即找出问题的业务环节在哪里。

6.3.2　UJM 模型

UJM 模型就是我们在设计一款产品的过程中，必须去梳理的用户行为旅程。

AARRR 模型也是梳理用户行为的，但它只关注了用户行为的几个主要步骤，这几个步骤都跟最终的成交有强关联关系。而 UJM 模型就比较详细，除了关注跟成交相关性较强的行为，也关注用户那些"逛"的行为。比如，用户怎么找到这个网站的，用户搜索了什么，用户在哪个页面上停留了多长时间，等等。

那么问题来了，既然有了 UJM 模型，还需要 AARRR 模型吗？当然需要。AARRR 模型更能清晰地展现用户流失与各个环节之间的关系，一大堆信息放到一起反而会让人错失重点。通俗地说，分析问题时抓全面，总结问题时抓要点；概括取代不了细节，细节也取代不了概括。

UJM 模型除了与 AARRR 模型有功能上的相似性，还与 OSM（Objective-Strategy-Measurement，目标—策略—度量）模型有关系，这个我们在 6.4 节介绍。

用 UJM 模型的视角，在一个手机端的网购小程序中，用户行为旅程如图 6-18 所示。

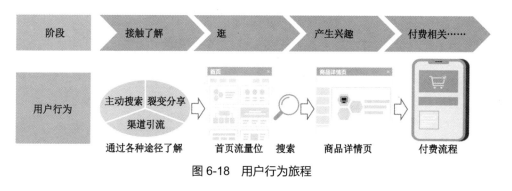

图 6-18　用户行为旅程

通过把用户的行为分为一个个阶段，结合审视用户的具体行为细节，可以梳理出用户到底有哪些行为，用户是怎样使用平台或产品的，等等。当然，了解用户行为旅程不是最终目的，通过对用户行为旅程的审视从而指导我们（产品、服务或平台的提供商）的行为才是最终目的。可以基于 UJM 模型，进一步定义我们（产品、服务或平台提供商）能做些什么，如图 6-19 所示。

基于用户行为旅程，找出用户痛点并进一步分析我们（产品、服务或平台的提供商）可以在哪些环节进行改进，这就是 UJM 模型的作用。它起了桥梁作用，没有对用户行为旅程的分析，就难以找到改进的"抓手"。

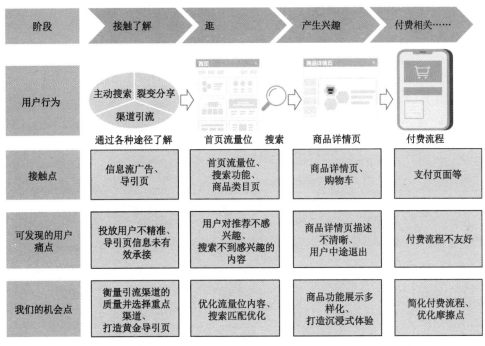

图 6-19 通过用户行为旅程找到痛点和机会点

6.4 业务分析框架 OSM

OSM（Objective-Strategy-Measurement，目标—策略—度量）不是具体的数据分析算法模型，它属于比较顶层的数据分析方法论，是业务分析框架。OSM 适用于目标已经清晰、行动方向已经明确的情况。

那么，首要问题是目标从哪里来？6.3 节介绍过，UJM 模型与 OSM 模型有关系，目标可以从 UJM 模型中找到。这里用 6.3 节中的例子来谈 OSM 模型，如图 6-20 所示。

当目标清晰以后，需要制定执行策略（Strategy），就是把宏大的目标拆解，转换为具体的、可落地的、可度量的行为，从而保证目标可触达。

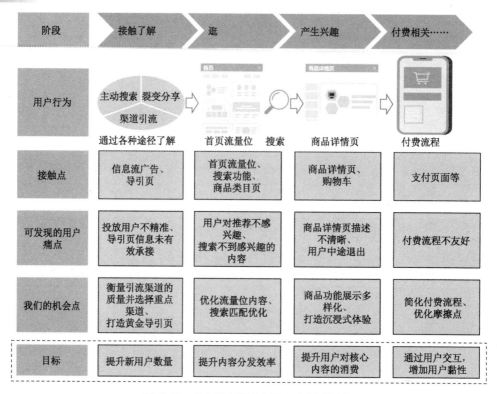

图 6-20　从 UJM 模型中进一步得到目标

把目标拆解成执行策略的方法，分两步走。

第一步是把模糊、笼统的目标变成清晰的目标，其过程类似于第 5 章"把一个具体业务问题转化成一个数据可分析问题"的方法，我们提过一个"模糊的业务问题→具体的业务问题→数据可分析问题"的转化过程，这里也是类似的，我们姑且称这个过程为"模糊的语文言辞→准确的语文言辞→数学描述"，就是要把"语文言辞"转化成"数学描述"，通过这样的过程把目标具体化，如图 6-21 所示。

第二步是梳理流程，找到针对目标的执行策略。

考虑到连贯性，我们继续拿上述例子进行说明，以流程为衔接，把目标转化成执行策略，如图 6-22 所示。

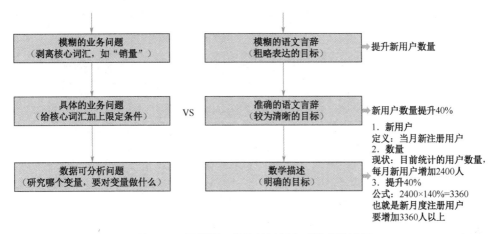

图 6-21　把模糊、笼统的目标变成清晰的目标

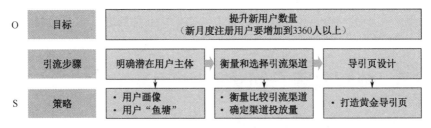

图 6-22　以流程为衔接，把目标转化成执行策略

再接下来，就是为每个执行策略（Strategy）梳理度量指标（Measurement），便于后期监督执行。有了度量指标，就能观察执行策略的过程进度，也能在复盘的时候回顾目标的执行效果。

同样，我们继续拿上述例子进行说明，如图 6-23 所示。

图 6-23 中，O（Objective，目标）、S（Strategy，策略）、M（Measurement，度量）都有了，我们完整地展示了将一个目标或子目标拆解为执行策略并建立度量指标的全过程。

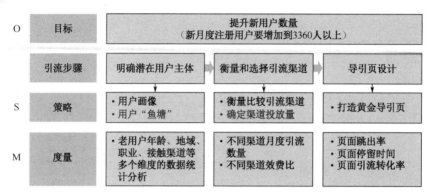

图 6-23　为每个执行策略梳理度量指标

结合 6.4 节介绍的 UJM 模型，可以把这些组合的方法论使用起来，从而赋能具体业务。很多公司经常使用这些组合方法来解决业务问题，如图 6-24 所示。

6.5　成交总额 GMV

GMV（Gross Merchandise Volume），中文意思是成交总额（一定时间段内），即一段时间内的订单总金额。与销售额（实际成交金额）不同，GMV 包含了所有金额，是已付款订单和未付款订单两者之和。

一般而言，GMV 的计算公式为：

GMV=销售额+取消订单金额+拒收订单金额+退货订单金额

之所以用这个公式来定义 GMV，主要是为了突出 GMV 与销售额的区别。GMV 代表了顾客的购买意向，销售额代表了顾客支付的最终需求。还记得前面介绍过的漏斗分析图（见图 6-17）吗？如图 6-25 所示。

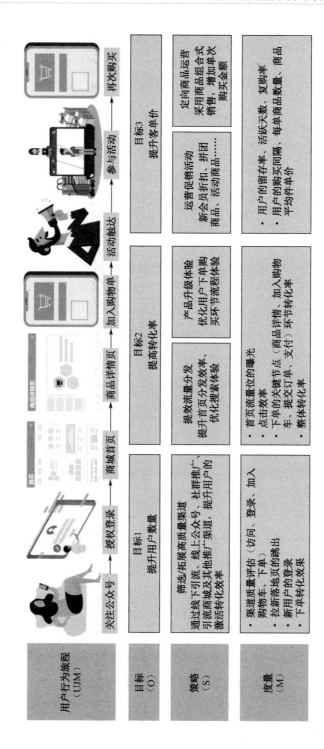

图 6-24　综合使用 UJM 和 OSM 等组合分析方法解决业务问题

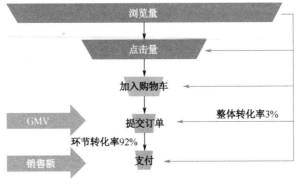

图 6-25　GMV 与销售额

提交订单的总金额就是 GMV，最终支付成功（剔除了拒收和退货）的总金额就是销售额。

从图 6-26 中能够看出，GMV 其实跟转化率和浏览量是有一定关系的。GMV 的另一个计算公式为：

$$GMV=UV×购买转化率×客单价$$

UV（Unique Visitor，独立访客数）与 PV（Page View，页面浏览量）不同，PV 是用户每打开一个页面就记录 1 次，即 1 个用户打开了 10 个页面，那么 PV 就是 10；而某个用户在 1 天内打开了 10 个页面，UV 只记录一次。可以将 UV 理解成某个时间段内访问某网站（或平台）的电脑（或手机）数量。

我们还可以将 GMV 的计算公式写为：

$$GMV=PV×（PV）购买转化率×客单价$$

一般而言，我们更关注"多少个用户总计下单了多少金额"，而不是"多少个页面总计下单了多少金额"，前者更有业务意义，所以我们最终将 GMV 的计算公式定为：

$$GMV=UV×购买转化率×客单价$$

以上这个公式在实际案例里可以根据实际业务情况灵活地表达。比如，在一个网络课程推广活动里，我们可以定义 GMV=页面引流数量×最终报名转化率×购买转化率×客单价。可以结合 OSM 进一步保证 GMV 的提升，这样就把 GMV 从公式转换成指导业务策略和业务监督的措施了，如图 6-26 所示。

GMV=页面引流数量×最终报名转化率×购买转化率×客单价

节点/阶段	作用元素	目标（O）	策略（S）	指标（M）
页面引流数量	引流页面	提高引流量	提高首页投放范围	首页曝光次数/人数
				首页点击率
			投放更精准	平均停留时长
				跳出率
报名转化率	报名页面	提高报名转化率	简化报名流程	页面错误率
				报名使用时长
		了解放弃报名的原因	建议页面	选择"其他"原因的比例
购买转化率	订单页面	清晰易用的订单页面	优秀的UI设计	订单页面停留时长
				订单页面跳出率
	支付页面	顺畅易用的支付页面	优秀的UI设计	支付页面跳出率
			支付方式多且稳定	选择"其他"支付方式的比例
				支付失败率

图 6-26　GMV 与 OSM 结合，把 GMV 从公式转换成指导业务策略和业务监督的措施

从 GMV 这个例子中可以看出：①一个参数或许可以使用多个（不同角度的）公式来表示，至于使用哪个公式来进行拆解和分析，取决于我们要做什么，取决于业务需求。②在具体业务里，公式是可以根据业务实际灵活使用的，不要把公式用"死"了。

第 **7** 章

数据可视化

> 正所谓"一图胜千言",将数据分析的结果视觉化,便于读者加速理解,将烦琐的信息简单化,是一种强而有力的表现手段。
>
> 当然,同样的分析结果可以用多种不同的图形或图表来展示,不同的图形或图表因其侧重点不同,有其不同的适用性。

7.1 数据可视化的意义:探索性分析

在数据挖掘项目初期,需要对数据进行探索性分析,这样方便对数据有一个大致的了解,其中最直观的方式就是对数据进行可视化。

图 7-1 是数据可视化的一个看板。该看板主要反映的是销售状况、产品占比,以及在线设备在不同地区的运行状况。

对比传统的零散数据,图形化的数据能够一眼看出销售额的状态和趋势、不同产品的销售状况、不同城市及地区的销量占比、渠道的贡献比例等。不仅如此,销售状况与设备运行状况的关联容易让人有更深度的思考：是否产品销量最多的地区在线设备也最多？这有助于进一步挖掘不同地区的客户都是如何使用产品的。是否产品销量最多的地区故障设备也呈现出线性关系？这有助于进一步挖掘设备的设计问题。

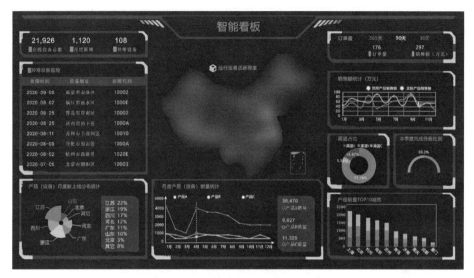

图 7-1　数据可视化看板的一个例子

数据可视化的探索性分析的意义不应局限于上面这个例子，这个例子只是浅显地解释了数据可视化比单纯地罗列数据更能够有额外的发现。利用传统的方法存储在数据库里的数据属于一条条的、单个数据项的表达，而数据可视化是用结构化的模型将大量数据汇集成数据图像。我们将集中的数据通过图形或图像的形式表现出来，让用户通过图形或图像在已知的数据集中总结出新的规律，发掘未知的信息。所以说，数据可视化是一种数据分析手段，具有直观清晰、解释性强的特点。

从效果上说，数据可视化其实做了以下两件事：

一是解释性，也就是让数据看起来更有组织性、更直观。随着数据时代的到来，我们进入了一个海量数据的数据池中，无论是数据的条目还是数据的维度都在呈现井喷式增长。这时，大数据分析变得复杂且耗时，在帮助人们理解数据方面，可视化分析就显得尤为重要。

二是探索性，通过数据可视化，如借助绘制图表的方式，数据应用人员能够快速地发现数据的特征、分布规律及异常记录等，可以进一步利用图像发掘数据中的信息。

数据可视化带来的探索性也体现在：通过数据可视化，有助于数据应用人员直接理解不同维度的数据表达，从而对其进行更加复杂或高级的分析。

具体来讲就是，可以对数据进行"钻取"，也就是变换分析的粒度，这个我们在 2.7 节中讲过。通过对数据的"钻取"，为使用者提供了一个深入调查各个数据子集中异常的方法。

比如，从一个泛泛的产品销量和地区之间的关系图表中可能发现不了太多问题，数据中蕴含的信息和规律也难以发现。但如果我们将数据进行"钻取"并用图表进一步做可视化，即通过展示各地区产品定价和销量的数量关系，可以为销售库存和定价提供参考；通过展示各产品在各地区的平均毛利润大小对比，可以为产品销量分布提供参考。

通过更进一步的"钻取"，可能有更多的发现。比如，进一步"钻取"产品毛利润图表，可以详细深入地了解各地区各渠道的各个产品的毛利润数额，以此作为盈利分析和财务诊断的有力依据。

7.2 常见的数据可视化图表

本节将介绍常见的数据可视化图表。这也是一个从"道法"到"术器"的过程。

　　常见的数据可视化图表如图 7-2 所示。

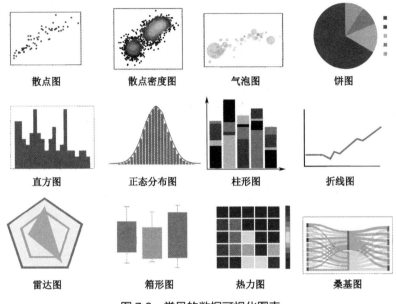

散点图	散点密度图	气泡图	饼图
直方图	正态分布图	柱形图	折线图
雷达图	箱形图	热力图	桑基图

图 7-2　常见的数据可视化图表

　　图 7-2 中有的图表会有一些变种，比如，柱形图与条形图的功能是类似的，柱形图如果要表示多个变量随时间的变化关系，那么就可以用堆积柱形图来表示。

　　有的图表可以用在多种场合，比如，散点图用于表示两个变量之间的关系，通过散点图可以看出变量之间是线性关系还是非线性关系；而散点图也可以用于观察数据是否有集中的趋向，如聚类，这样的散点图也叫作散点密度图；如果考虑两个变量之间的关系，把点的面积作为一个可以展示的变量，那么散点图就变成了气泡图，如图 7-3 所示。

　　这么多的图表，到底什么情况下用什么样的图表呢？这里推荐按图表展示的数据关系分类，将数据可视化图表分为五个类别，分别是比较图表、联系图表、构成图表、分布图表和其他图表。

从数据分析到数据驱动运营

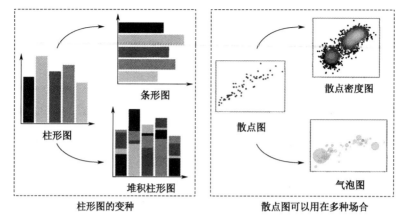

柱形图
条形图
堆积柱形图
柱形图的变种

散点图
散点密度图
气泡图
散点图可以用在多种场合

图 7-3　图表的变种和用途

（1）比较图表：比较数据之间的类别关系，或者它们随着时间的变化趋势，如折线图、柱形图、堆积柱状图、雷达图等。

（2）联系图表：查看两个变量及两个以上变量之间的关系，如散点图、气泡图等。

（3）构成图表：用于表示每个部分占整体的百分比，或者随着时间的百分比变化趋势，如饼图、百分比堆积柱形图等。

（4）分布图表：关注单一变量，或者多个变量分布情况，如直方图、正态分布图、散点密度图、箱形图等。

（5）其他图表：比如，桑基图用于查看数据的分流状态；热力图用于刻画数据的整体样貌，且便于找出极值范围，等等。

有的图表受到一些行业的偏爱，比如，研究端口流量，常用桑基图。有的问题可以使用多种图表，比如，通过历史数据研究趋势，可用柱状图和折线图。有的图表可以在多种场合使用，比如，可以用散点图来查看两个变量之间是线性关系还是非线性关系，也可以观察数据是否有聚类的趋势，一般在数据研究的初期用来粗略地发现一些规律。有的图表看起来比较像，但其实用于研究不同类型的问题，比如，直方图和柱形图表面上看起来类似，但直方图用来表示分布问题，柱形图用来表示数据随时间的变化趋势状态。有的图表属于专用图表，比如，雷达图用来表示多维数据的权重，特别是常被用在表示能力或竞争力等方面。

这些数据可视化图表如今被各种编程语言的图形库所广泛支持。以 Python 为例，它的第三方可视化库有很多，如 Matplotlib、Seaborn、Plotly、Bokeh、Pyecharts 等。

7.3　数据可视化举例

我们来看一个与房屋价格有关的数据可视化的例子，数据集可以从 UCI 数据库中获得（https://archive.ics.uci.edu/ml/machine-learning-databases/housing/）。

在获得的数据集中，数据文件是 housing.data。还有一个 housing.names 文件，用来解释每一列数据的含义。

这里我们主要讲述数据可视化。在进行数据可视化之前先要对原始数据进行预处理。

第一步，把 housing.data 文件里用来进行数据分割的空格替换成.CSV 文件格式里进行数据分割的逗号（,）。

第二步，将整理后的 housing.data 数据和 housing.names 文件合并到一起，形成 housing.csv 文件。

第三步，对于 housing.csv 文件里第一行数据，也就是列名，我们根据 housing.names 文件里的解释做了简短翻译，便于在后续画出的图表里显示得更直观。

这样我们形成了 housing2.csv 文件，housing2.csv 文件示例如图 7-4 所示。

	A	B	C	D	E	F	G	H	I	J	K	L	M	N
1	犯罪率	宅地比例	商地比例	靠近河边	氮氧污染	房间数	旧房比例	就业距离	公路指数	物业税率	师生比例	杂居指数	人口下降	房价
2	0.00632	18	2.31	0	0.538	6.575	65.2	4.09	1	296	15.3	396.9	4.98	24
3	0.02731	0	7.07	0	0.469	6.421	78.9	4.9671	2	242	17.8	396.9	9.14	21.6
4	0.02729	0	7.07	0	0.469	7.185	61.1	4.9671	2	242	17.8	392.83	4.03	34.7
5	0.03237	0	2.18	0	0.458	6.998	45.8	6.0622	3	222	18.7	394.63	2.94	33.4
6	0.06905	0	2.18	0	0.458	7.147	54.2	6.0622	3	222	18.7	396.9	5.33	36.2
7	0.02985	0	2.18	0	0.458	6.43	58.7	6.0622	3	222	18.7	394.12	5.21	28.7
8	0.08829	12.5	7.87	0	0.524	6.012	66.6	5.5605	5	311	15.2	395.6	12.43	22.9
9	0.14455	12.5	7.87	0	0.524	6.172	96.1	5.9505	5	311	15.2	396.9	19.15	27.1

图 7-4　housing2.csv 文件示例

接下来，就是我们运用数据可视化的部分。

首先，读取数据，代码如下：

```
#####读取数据
import pandas as pd
df = pd.read_csv('housing2.csv')        #读取文件
df.shape    #栏位种类数量(506行,14列)
```

因为我们用中文命名了数据的列名，为了防止乱码，我们要导入字体，代码如下：

```
#####导入字体，防止中文乱码
import matplotlib.pyplot as plt
plt.rcParams['font.sans-serif'] = ['STSong']
plt.rcParams['axes.unicode_minus'] = False
```

其次，我们看看房价大概集中在哪个区间，代码如下：

```
#####用直方图的方式画出房价（MEDV）的分布
df[['房价']].plot.hist()
plt.show()
```

得到图 7-5。

从图 7-5 可以看出，房价相对集中在横坐标 22 左右，如果横坐标一个单位代表 10 万元，那么当地的房价相对集中在 220 万元左右，100 万～360 万元是大多数房子的价格区间。

再次，我们用散点图看一下房价与房间数的关系，代码如下：

```
#####接下来需要知道的是哪些维度与房价关系明显，先用散点图的方式来观察
```

```
df.plot.scatter(x='房价', y='房间数')
plt.show()
```

得到图 7-6。

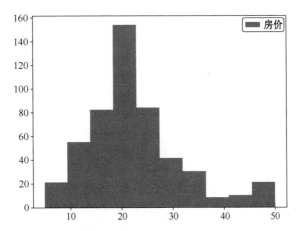

图 7-5　用直方图的方式画出房价（MEDV）的分布

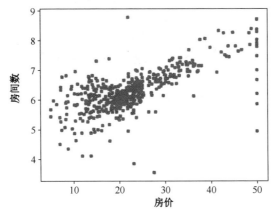

图 7-6　用散点图看一下房价与房间数的关系

从图 7-6 可以看出，房价与房间数有一定关联性。结合我们上面得出的"100万元到360万元是大多数房子的价格区间"，在这个价格区间的房子，房间数与房价呈现比较强的正相关性。

最后，我们看一下各个维度（也就是各个数据列）的相关系数，并用热力图来呈现，代码如下：

```
#####计算相关系数，并用热力图（Heatmap）来呈现
corr = df.corr()
import seaborn as sns
corr = df.corr()
sns.heatmap(corr)
plt.show()
```

得到图 7-7。

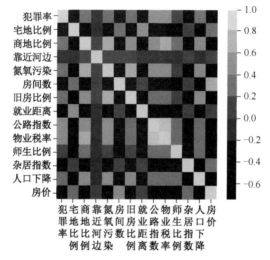

图 7-7　计算相关系数，并用热力图（Heatmap）来呈现

图 7-7 中，灰度越浅越接近正相关，灰度越深越接近负相关，颜色介于中间的相关性比较弱。

除了左斜对角线是变量与自身之间的相关性，颜色最浅，我们可以看出，颜色较浅的还有公路指数与物业税率。公路指数越大，说明房子所在区域出行越方便，这样的房子一般物业费稍高，如图 7-8 所示。

颜色较深的，代表变量之间具有较强的负相关性，从图 7-8 中可以看出，比较典型的一个例子是：人口下降与房价之间的关系。这也比较符合人们的认知，

如果人口搬离房子所在的区域，那么房价也是会下跌的。

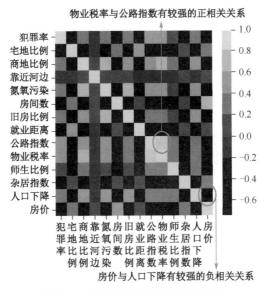

图 7-8　热力图代表相关系数的例子

第 8 章

人工智能与传统数据
分析的关系

近年来，随着硬件性能的飞速提高和价格的降低，以及人工智能开源软件的生态越来越成熟，人工智能的使用门槛已经变得较低，很多公司甚至是个人在数据分析和应用领域会用人工智能作为技术手段。

那么，人工智能可以取代较为传统的数据分析手段吗？有必要这样做吗？本章将回答这些问题。

由于人工智能话题很广泛，每一个人工智能的子课题都够写几本书了，所以我们这里主要是针对人工智能与较为传统的数据分析之间做一些对比和关联，帮助读者建立顶层概念。针对数据分析话题，让读者了解人工智能和传统手段有哪些适用性。

8.1 数据分析、传统算法、人工智能之间的 范畴关系

从大的层面来看，当前的数据分析方式主要有两种：一种是统计学方式；另一种就是人工智能方式。

数据分析是很早就有的领域，当然我们这里指的是传统的数据分析、以统计学为主的数据分析。而利用机器学习或人工智能进行数据分析属于较新的领域，利用人工智能进行数据分析，概念已经模糊等同于数据挖掘；这也好理解，传统的数据分析时代计算能力有限，倾向于使用数据样本来代表全量数据，而"挖掘"一词的直观含义就是在一大堆内容中寻找价值，所以数据挖掘往往是指从大样本中分析数据之间的关系，甚至是使用全量数据而非数据样本进行分析。但基本上，叫数据分析也好，叫数据挖掘也罢，两者之间的差别不大。

我们可以把数据分析与人工智能的范畴关系用图 8-1 来表示。

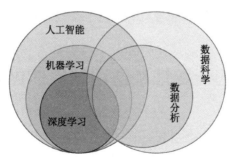

图 8-1　数据分析与人工智能的范畴关系示意图（一）

人工智能包含机器学习，机器学习的范畴又包含深度学习。数据分析属于数据科学的一部分，数据分析与机器学习等人工智能有一定的交集，除了人工智能

的部分，还包括传统的统计学模型和算法。

为了更形象地说明数据分析与人工智能的范畴关系，我们可以把内容具体一点，用图 8-2 来表示。

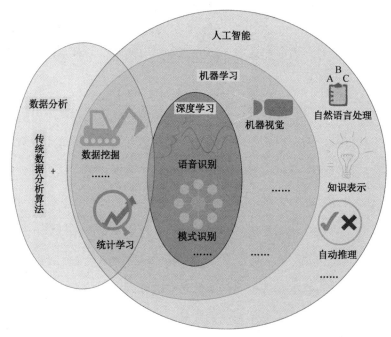

图 8-2　数据分析与人工智能的范畴关系示意图（二）

8.2　目标的一致性及适用场景的区别

无论是传统的数据分析，还是结合了人工智能或机器学习的数据挖掘，重点都是分析数据得出结论，对于这个大目标，两者是一致的。

机器学习作为现在比较成熟的人工智能技术，对比传统的统计学数据分析，两者有什么区别呢？

尽管两者的大目标都是为了分析数据得出结论，但大多数统计学模型倾向于推断变量之间的关系，机器学习包含很多算法，有的算法也被用来推断变量之间关系，而有的算法旨在进行较为精确的预测。因此，在具体案例中，两者的小目标可能不同。

有人会觉得推断与预测没有本质的差别，甚至很多时候两者是有一定依赖关系的。比如，推断强调的是变量之间的关系，而如果拟合出了变量之间的关系，输入自变量，因变量也就能够得出结果。

机器学习和传统的统计学数据分析，两者在技术上还是有一些区别的。

统计学模型经常用到的几个概念是样本空间、事件集合、事件概率，是基于置信区间的回归参数分析，统计学模型具有可解释性。机器学习有训练集和测试集的概念，很多机器学习算法使用了神经网络，通常缺少可解释性，神经网络像一个黑箱，不同神经元之间为什么要这样设置参数（权重矩阵），难以说明。

适用场景的区别，才是机器学习和传统的统计学数据分析区别比较大的地方。

有人说，简单的数据分析使用统计分析，复杂的数据分析使用人工智能。可以说这句话是有道理的。什么时候需要人工智能呢？——当人类没有办法的时候；一些复杂的问题和数据，如视频图像中的识别问题、声音波形中的识别问题、自然语言的理解问题等。图形处理，如语义理解等，人类目前还没找到合适的方程来拟合它们，这个时候就需要人工智能了。人工智能实际上是一种非常无奈的选择。

机器学习是现在比较成熟的人工智能技术，下面我们给出四类机器学习比传统的统计学数据分析更适用的场景。

（1）处理对象是声音、图像、自然语言等数据。比如，医学图像分析、自动驾驶、人脸识别等。

（2）无法通过经验给出规则。在业务问题非常复杂的情况下，无法枚举所有规则来解决它，而局部的解决方案是可行的和有效的，这个时候可以尝试用机器学习的方式来解决这个问题。比如，对图片进行分类。

（3）目标问题不断发生变化。在某些场景下，目标值会随着时间的推移不断发生变化，必须定期更新代码来重构规则，这样会增加错误的概率，因为人类通常很难通过记忆将"历史"与"现在"充分结合，这种场景就比较适合使用机器学习的方式。比如，互联网对新客户群体的喜好发掘。

（4）海量数据。对于互联网营销领域，在业务发展初期，业务人员可以根据商品属性及个人经验来定义业务规则，实现对符合条件的用户进行运营。但当业务不断发展壮大，积累了大量的用户群和互联网日志时，业务人员根据经验对当前的业务进行分析和运营就会显得很吃力。类似这种场景就可以让机器去学习日志中的隐藏模式，对用户行为进行总结和推断。

针对机器学习和传统的统计学数据分析，我们列举了它们之间的区别和联系。需要再强调的一点是，近年来，人工智能大行其道，"强化学习""对抗网络""卷积神经网络"这些词广为传播，但我们依然要牢记：人工智能并不是要完全取代传统算法，而是在传统算法无法产生好的结果的领域进行强有力的补充。

8.3　以统计为主的传统数据分析及其工具

传统的数据分析主要做些什么事呢？我们可以举个常见的例子。比如，销售方面的数据分析，涉及数据分析的内容有整体销售分析、区域分析、产品线分析、价格体系分析等。

整体销售分析主要分析哪些内容？——销售额及销售量、销售额/销售费用支出、销售额的季节性数据等。

区域分析主要分析哪些内容？——产品销售的区域分布、办事处产品销售比重等。

产品线分析主要分析哪些内容？——产品系列的销售比例分析、产品系列的增长速率分析等。

价格体系分析主要分析哪些内容？——价格体系构成占比分析、价格-产品分析、价格-区域分析、价格结构与整体市场对比等。

这些分析配合数据可视化图表进行展示，除了可以在数据的可理解性方面提供便捷，还可以根据直观反映出来的问题进一步做数据"钻取"，从而发现更细节的问题或者发现某个现象的主要原因，这就是传统数据分析最常用的手段。

同样，我们用图形的方式提供较为形象的说明。以销售方面的数据分析为例，传统的数据分析中较为常见的分析内容和展示图表如图 8-3 所示。

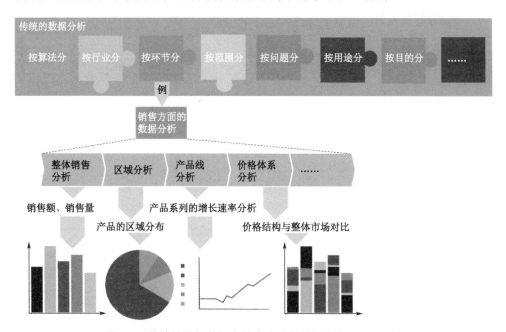

图 8-3　传统的数据分析中较为常见的分析内容和展示图表

前面说到了传统的数据分析主要做些什么事,我们再看传统的数据分析主要使用什么工具。说到工具,传统的数据分析经常用的工具就是 Excel,不仅因为它具有很多常用函数、逻辑运算、引用与查找功能,它还具有把数据显示成常见图表(也就是数据可视化)的能力。它虽然与 Python 等语言编程类工具相比缺乏灵活性,与 MySQL 等数据库工具相比在数据处理效率方面不专业,与 Tableau 或 PowerBI 等商业智能(Business Inteligence)工具相比在图表的丰富程度上较弱,但对于大多数的数据分析应用而言,仍是一个适用性较广的工具。

接下来我们给出一个例子,简单示意 Excel 进行数据分析的过程。

我们收集了某厂家同一车型中旧车的车龄、行驶里程与售价数据,请使用数据分析工具,求车龄、行驶里程对售价的影响。车龄、行驶里程与售价数据如表 8-1 所示。

表 8-1 同一车型中旧车的车龄、行驶里程与售价数据

车龄(年)	行驶里程(万千米)	售价(万元)
1	8.5	56
2	21	48.5
3	35	42
4	43	37.6
5	50	32.5
6	58	28.7
7	65	22.2
8	76	18.5
9	80	15
10	90	12.5

这种对变量之间的关系进行分析和建模,我们称为"回归问题"。按照具体的情况,回归又分为多种类型:分析变量结果"是"或"否"的回归叫作"逻辑回归";因变量与自变量之间的关系是线性关系的回归叫作"线性回归";因变量与自变量之间不是线性关系的回归叫作"非线性回归";当因果关系只涉及因变量和

一个自变量时，叫作"一元回归"；当因果关系涉及因变量和两个或两个以上自变量时，叫作"多元回归"，又叫"复回归"。

回归分析也是机器学习经常要解决的问题之一，这里我们不用机器学习，而是用 Excel，采用传统的数据分析方法来得到车龄、行驶里程与售价的回归关系。

因变量是售价，自变量是车龄和行驶里程，自变量有两个，所以这是一个多元回归（复回归）问题，我们的目的就是通过分析数据得到多元回归方程。

使用 Excel 进行数据分析，第一步我们先看 Excel 是否激活了数据分析功能模块，没有激活的话要按步骤激活，如图 8-4 所示。

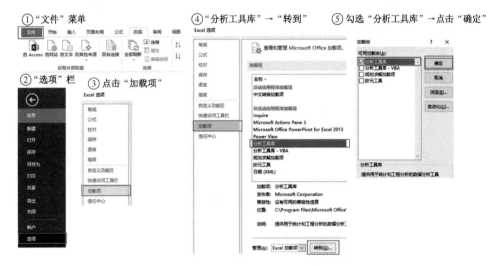

图 8-4　激活 Excel 的数据分析功能

激活数据分析功能后，Excel 的"数据"菜单有了一点变化，多了"数据分析"功能项，如图 8-5 所示。

图 8-5　激活数据分析功能后，"数据"菜单里多了"数据分析"功能项

第二步，利用激活的数据分析功能，在 Excel 里进行数据回归分析，如图 8-6 所示。

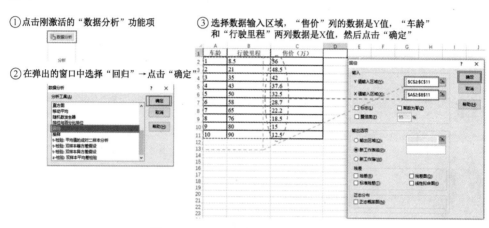

图 8-6　用 Excel 进行回归分析的步骤

这样就得到了回归分析的结果数据，Excel 会生成这些数据，如图 8-7 所示。

SUMMARY OUTPUT

回归统计	
Multiple R	0.997093432
R Square	0.994195311
Adjusted R Square	0.992536829
标准误差	1.266414823
观测值	10

方差分析

	df	SS	MS	F	Significance F
回归分析	2	1922.838354	961.41918	599.4608296	1.49014E-08
残差	7	11.22664553	1.6038065		
总计	9	1934.065			

	Coefficients	标准误差	t Stat	P-value	Lower 95%	Upper 95%	下限 95.0%	上限 95.0%
Intercept	60.093543352	1.147723621	52.358898	2.42882E-10	57.37960841	62.807479	57.379608	62.807479
X Variable 1	-0.949059874	1.276962236	-0.743217	0.481544128	-3.968595746	2.070476	-3.968596	2.070476
X Variable 2	-0.446794192	0.146923219	-3.041005	0.018820064	-0.794212399	-0.099376	-0.794212	-0.099376

变量的相关系数

图 8-7　回归分析的结果数据

这样，我们就得到了因变量与自变量之间的回归关系。公式可以表示为：

车辆售价 $y = -0.94906 \times$ 车龄 $- 0.44679 \times$ 行驶里程 $+ 60.09354$

利用上述公式，也可以输入自变量的值，从而得到预测的因变量结果。比如，一辆车的车龄为 11 年，行驶里程为 55 万千米，代入上述公式，可得车辆的预测售价是 25.1 万元。

8.4　机器学习

对于机器学习，最简单的理解就是在一堆杂乱无章的数据中找到其背后的规律。它属于人工智能的范畴，机器学习是人工智能的子集。人工智能除了机器学习，还包括自然语言处理、知识表示、自动推理等。

谈到数据分析这个话题时，由于用到的跟人工智能相关的数据挖掘、统计学习等内容都属于机器学习的范畴，所以机器学习经常与统计学方式相提并论。我们甚至可以说：当前的数据分析方式主要有两种：一种是统计学方式，另一种是机器学习方式。

那么问题来了，机器学习都属于数据分析吗？其实不然，机器学习中经常用到的机器视觉就不属于数据分析，它是通过图像摄取装置传送给机器学习的模型，得到被摄目标的形态信息，根据像素分布和亮度、颜色等信息，转变成数字化信号；机器学习的模型对这些信号通过各种运算来抽取目标的特征，从而得到判别结果，如判断图像是猫还是狗、图像里有几只猫等。当然，有人认为机器视觉也算数据分析，因为从广义上讲，机器视觉至少属于一种数据处理，而数据处理属于分析的一个前置环节，甚至可以归为数据分析的一部分。这样理解当然也没错，复杂的问题很难简单地回答"是"或"不是"，那是因为越复杂的问题可理解的角度也越多。

学习机器学习需要掌握大量的算法，其中 BP（Back ProPagation，反向传播）神经网络算法是机器学习中最重要、应用最多的有效算法。BP 神经网络算法本质上为梯度下降法，我们试图用简单的话语来说明这个过程：把自变量数据和因变量数据放入输入层，数据进了一个黑匣子（隐藏层），里面的网络模型反复训练这些数据，从而发现它们的规律，然后在黑匣子里构建一个自变量和因变量纷繁交错的模型。随后，放入自变量新数据，模型进行计算，输出预测结果（输出层）。

接下来，我们参考互联网上一位来自普林斯顿的 Victor Zhou 写的一篇关于神经网络入门课程的文章，来说明 BP 神经网络算法的过程。

在说神经网络之前，我们先讨论一下神经元（Neuron），它是神经网络的基本单元。神经元先获得输入，然后执行某些数学运算，运算后，再产生一个输出。图 8-8 是两个变量输入神经元。

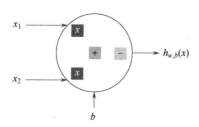

图 8-8　两个变量输入神经元

在这个神经元中，输入总共经历了三步数学运算：

第一步：将两个输入乘以权重（Weight）：

$x_1 \rightarrow x_1 \times w_1$

$x_2 \rightarrow x_2 \times w_2$

第二步：把两个结果相加，再加上一个偏置 b：

$(x_1 \times w_1) + (x_2 \times w_2) + b$

第三步：经过激活函数（Activation Function）处理后得到输出：

$$y = f(x_1 \times w_1 + x_2 \times w_2 + b)$$

激活函数的作用是将无限制的输入转换为可预测形式的输出。一种常用的激活函数是 Sigmoid 函数，其特性如图 8-9 所示。

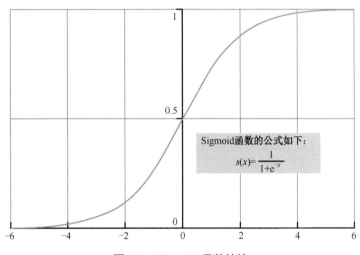

Sigmoid函数的公式如下：

$$s(x) = \frac{1}{1+e^x}$$

图 8-9　Sigmoid 函数特性

Sigmoid 函数的输出介于 0 和 1 之间，我们可以理解成它把 $(-\infty, +\infty)$ 范围内的数压缩到 $(0,1)$ 内。正值越大输出越接近 1，负值越小输出越接近 0。

例如，上面神经元里的权重和偏置取如下数值：

$w = [0,1]$（注：$w = [0,1]$ 是 "$w_1 = 0$，$w_2 = 1$" 的向量形式写法）

$b = 4$

给神经元输入 $x = [2,3]$，可以用向量点积的形式把神经元的输出计算出来：

$$w \cdot x + b = (x_1 \times w_1) + (x_2 \times w_2) + b = 0 \times 2 + 1 \times 3 + 4 = 7$$

$$y = f(w \cdot x + b) = f(7) = 0.999$$

说完了神经元，我们再来说神经网络。

神经网络由一堆神经元连接在一起组合而成，图 8-10 是一个简单的二层

BP 神经网络（神经网络层数的定义，一般是不计算输入层的，所以针对只有一个隐藏层的神经网络，其层数为二）。它有两个输入：一个包含两个神经元（h_1 和 h_2）的隐藏层、一个包含一个神经元的输出层 o_1。

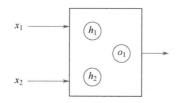

图 8-10　简单的二层 BP 神经网络

隐藏层是夹在输入层和输出层之间的部分，一个神经网络可以有多个隐藏层。但在我们这个例子中，为了便于简单地说清楚问题，示例了一个简单的二层 BP 神经网络，我们没有设定输入层（或者说神经网络系统的外部输入 x_1 和 x_2 就被看作输入层），只有两个隐藏层和一个输出层。

把神经元的输入向前传递获得输出的过程称为前馈（Feedforward）或前向传播（对应后续要提到的反向传播）。

我们假设上面的网络里所有神经元都具有相同的权重 $w=[0,1]$ 和偏置 $b=0$，激活函数都是 Sigmoid，那么我们会得到什么输出呢？

隐藏层神经元的输出：$h_1 = h_2 = f(w \cdot x + b) = f((0 \times 2) + (1 \times 3) + 0) = f(3) = 0.9526$

输出层的输出结果：$o_1 = f(w \cdot [h_1, h_2] + b) = f((0 \times h_1) + (1 \times h_2) + 0) = f(0.9526) = 0.7216$

我们刚刚讲了如何搭建神经网络，接下来我们来训练它，其实这就是一个优化的过程。

假设有一个数据集，包含四个人的身高、体重和性别，如表 8-2 所示。

现在我们的目标是训练一个网络，根据体重和身高来推测某人的性别。

为了简便起见，我们将每个人的身高、体重减去一个固定数值，把性别男定义为 1、性别女定义为 0。这也算数据归一化的过程，如表 8-3 所示。

表 8-2　身高、体重和性别的数据集

姓名	体重（斤）	身高（厘米）	性别
A	121	165	女
B	146	183	男
C	138	178	男
D	109	152	女

表 8-3　数据集的数据进行归一化处理之后

姓名	体重（减去 123）（斤）	身高（减去 167）（厘米）	性别
A	-2	-2	0
B	23	16	1
C	15	11	1
D	-14	-15	0

在训练神经网络之前，我们需要有一个定义"好""坏"的标准，以便我们进行改进，这就是损失（Loss）。

损失可以用多种方法来定义，如平均绝对误差（Mean Absolute Error，MAE）、均方误差（Mean Squared Error，MSE）等。这里，我们示例用均方误差（MSE）来定义损失：

$$MSE = \frac{1}{n}\sum_{i=1}^{n}(y_{true} - y_{pred})^2$$

式中，n 是样本的数量，在上面的数据集中是 4；y 是人的性别，男性是 1，女性是 0；y_{true} 是变量的真实值；y_{pred} 是变量的预测值。

顾名思义，均方误差就是所有数据方差的平均值，我们把它定义为损失函数。

如果上面网络的 4 个输出结果都是 1，也就是预测所有人都是男性，那么损失如表 8-4 所示。

表8-4 每条数据的实际值、预测值与方差

姓名	真实性别 y_{true}	预测性别 y_{pred}	$(y_{\text{true}} - y_{\text{pred}})^2$
A	0	1	1
B	1	1	0
C	1	1	0
D	0	1	1

此时，MSE=1/4(1+0+0+1)=0.5。

预测结果越好，代表损失的 MSE 的值就越小。训练神经网络就是将损失最小化。

那么，如何将损失最小化呢？算出损失后，就要开始反向传播了。其实反向传播是一个参数优化的过程，优化对象就是网络中的所有 w 和 b（因为其他所有参数都是确定的），也就是改变神经网络的权重参数和偏置参数来达到优化（减小MSE 为代表的损失值）的目的。

这里举一个形象的例子描述一下这个参数优化的原理和过程：

假设我们操纵着一个球型机器行走在沙漠中，如图 8-11 所示。

我们在机器中操纵着四个旋钮，分别叫作 w_1、b_1、w_2、b_2。当我们旋转其中的某个旋钮时，球形机器会发生移动，但是旋转旋钮大小和机器运动方向之间的对应关系是未知的。而我们的目的就是走到沙漠的最低点。

此时我们该怎么办？

如果增大 w_1 后，球向上走了，那么就减小 w_1。

如果增大 b_1 后，球向下走了，那么就继续增大 b_1。

如果增大 w_2 后，球向下走了一大截，那么就多增大些 w_2。

……

把需要求解的函数值
想象成一个球

图 8-11　用沙漠和球来解释"梯度"

这就是进行参数优化的形象解释，这个方法叫作梯度下降法。

当我们的球形机器走到最低点时，也就代表着我们的损失降到了最小（接近于 0）。

第一次计算得到的损失值较大；将该损失值反向传播，微调参数 w_1、b_1、w_2、b_2；再做第二次计算，此时的损失值会下降，然后再反向传播损失值，微调参数 w_1、b_1、w_2、b_2，依次类推，损失值越来越小，直到我们满意为止。

神经网络的神奇之处，就在于我们可以让它不断地自动做 w 和 b 的优化，直到损失值令我们满意为止，或者循环优化了一定的次数之后，我们让程序跳出做 w 和 b 优化的循环，此时我们就可以得到比较满意的结果。这个结果对应的 w 和 b，就是我们需要的网络参数，当我们输入一组新的输入值来得出新的预测结果时，这组 w 和 b 就被继续沿用了。

机器学习不仅包含神经网络算法，还有朴素贝叶斯（Naive Bayes Classifier，NBC）、决策树（Decision Tree，DT）、支持向量机（Support Vector Machine，SVM）等，所以说机器学习中的算法是百花齐放的，既有神经网络算法也有非神经网络算法。深度学习用的就是神经网络算法，深度学习属于机器学习的子集，对比机器学习中没有用到神经网络的算法而言，建模过程缩短了，由神经网络统一了原来机器学习中百花齐放的算法。深度学习不需要我们自己去提取特征，而是通过神经网络自动对数据进行高维抽象学习，减少了特征工程的构成，在这方面节约了很多时间；但同时因为引入了更加复杂的网络模型结构，所以调参工作变得更加繁重了。

以机器学习为代表的人工智能算法目前主要应用的领域多集中在金融、媒体和零售。

金融领域如信用卡反欺诈的场景，应用人工智能算法的目的就是分类，就是把用户分为高风险（较大可能属于欺诈）、中风险（可能属于欺诈）、低风险（应该不属于欺诈）。用到的机器学习算法大多数是 GBDT（Gradient Boost Decision Tree，梯度迭代决策树）算法和 LR（Logistic Regression，逻辑回归）算法。

机器学习在媒体和零售领域使用最多的场景就是推荐——把某个短视频或商品推荐给正在浏览 App 的用户。推荐算法在媒体和零售领域中是最常见的，推荐算法有很多种，其中，基于协同过滤（Collaborative Filtering）的推荐算法出现的频率很高。基于协同过滤的推荐算法的基本思想是，根据用户的历史行为数据，通过挖掘发现用户的兴趣爱好，基于不同的兴趣爱好对用户进行划分并推荐兴趣相似的商品给用户。

协同过滤算法可以再细分为不同的子类，常见的有两种：一种是基于物品的协同过滤算法，这种算法给用户推荐与他之前喜欢的物品相似的物品。例如，你上午在某个 App 上搜索了"无人机"，下午你再打开这个 App 时，页面中会"猜您喜欢"，自动展示多种无人机给你看。另一种是基于用户的协同过滤算法，这种算法给用户推荐与他兴趣相似的物品。例如，你在某个 App 上购买过一个产品，这个 App 往往会在页面中有提示信息"购买过该产品的用户还购买了……"。

第 **9** 章

数据驱动运营

数据驱动运营，本质上就是如何让数据服务于业务，落地产生价值。手段一般是通过收集数据、整理数据，进而通过数据运算或数据可视化，发现运营中存在的问题并有针对性地去改进或开启新业务。

9.1　不同业务层次都有哪些数据分析需求

运营不是一项工作，运营分为两层：运营的上层与公司战略息息相关，运营的底层更多的是操作层面的事情。当然，这里的上层和底层没有孰优孰劣的区别，主要指的是数据和运营的使用更多的是与大方向有关还是与细节有关。

不同的业务层次，需要不同的数据分析手段。越偏上层，越关注"为什么"和"做什么"，这样对数据的分析需求越倾向于了解整体统计状况；越偏底层，越关注"怎么做"，这样对数据的分析需求越倾向于了解具体的群体及其行为。我们可以总结成图 9-1。

业务层级	决策层次	关注的数据结果类型	数据范围	数据获取方式
战略/定位	为什么做? 做什么?	市场/行业 指标型	市场/行业 数据	国家统计局 行业报告 市场调研等
管理/监督	做得如何?	报表和统计型	企业内部数据	企业业务系统 (如ERP,企业 自建平台等)
操作/实施	如何做?	分析和计算型	企业内部数据	企业业务系统 (如ERP,企业 自建平台等)

图 9-1 企业的业务层级和对应层次的数据需求

针对不同的业务层级和数据需求,所需要的数据分析的主要应用技术也是不同的。企业核心管理层一般制订的是 1 年周期计划或是 3~5 年的战略方向。比如,哪个赛道有机会?企业增长点在哪里?等等。这个时候,主要用到的是 PEST 分析,即通过研究报告、行业分析、宏观经济等维度,对数据进行采集和应用。而部门的管理者,对他们的要求主要是商业策略的优化能力,分析原因并以报表的形式帮助管理者进行业务决策是他们的工作。运营操作人员负责用户运营和市场触达,所以他们会特别关注会员的分级和画像等方面的事情。我们可以总结成图 9-2。

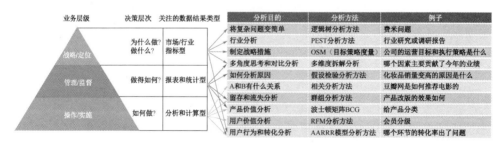

图 9-2 企业的业务层级和对应的应用技术

9.2 不同行业领域都有些哪些数据分析需求

不同的业务层次有不同的数据分析需求,不同的行业领域也同样有不同的数据分析需求。比如，零售行业特别关注终端销售业绩、营销费用比例等参数，跟踪这些参数的变化并分析原因也是零售行业数据分析的主要需求；电信行业特别关注如何挽留用户及给用户推荐增值业务套餐，因此会围绕着这些方面进行数据分析并持续关注改进效果；金融行业有很多进一步的分支：对于信用卡业务来说，信用评分和欺诈识别是数据分析的重点；对于证券业务来说，违规投资交易的识别关系着风险控制的成败，所以其数据分析需求围绕着识别和监督违规投资交易展开。不同的行业领域对数据分析有着不同的需求，如图9-3所示。

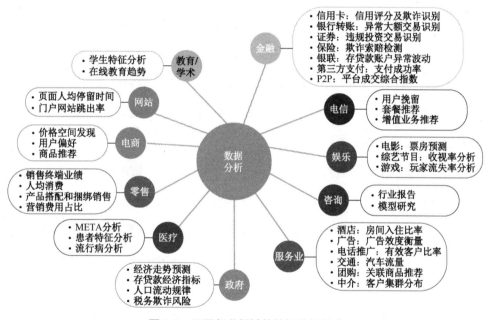

图9-3 不同行业领域的数据分析需求

当然，我们所列举的仅仅是每个不同行业领域里的几个典型问题，每个行业领域都有很多数据分析的需求，这里不再一一列举。主要目的是让大家知道不同行业领域的数据分析需求是不同的，当然也就会对应不同的应用技术。

9.3 数据驱动运营概述

狭义上的数据驱动运营有三层含义：一是数据可以帮助我们发现运营中的问题；二是数据可以帮助我们界定问题出现在哪里；三是数据可以帮助我们审视解决问题的手段是否有效。换言之，数据对于运营的价值可能包括如下三方面。

（1）数据可以客观地反映一款产品当前的状态好坏（比如，销量怎么样）和所处阶段（比如，同比、环比是上升了还是一直下降）。

（2）假如你对一件事的结果不满意，可以通过数据来界定问题到底出在哪里。

（3）假如你做了一个改进措施，应该可以通过数据找出这个措施到底产生了多大的效果，也就是可量化。

从这个层面来看，数据驱动运营内容还算简单，需要做的事就三件：一是在当前行业和工作层次中定义 KPI 指标，并观察这些指标的数值；二是不要只看到结果，应配合使用"流程化思维"。也就是说，要先梳理清楚流程，再用流程中的数据来反推问题所在；三是审视结果要定量而不只是定性，对效果用数据说话，做数据对比。

广义上的数据驱动运营，就不仅是"发现问题""分析问题的过程"和"衡量问题的解决效果"这么简单了，还涉及数据怎么来的、业务核心问题怎么拆解的、过程管理怎么做的，等等。或者说，狭义上的数据驱动运营还在一个数据分析问题的小范畴，而广义上的数据驱动运营则是一个大的范畴，涉及把业务问题转化成数据可分析问题、数据的技术能力和数据的应用能力及思路等方面的问题。

我们结合本书前面介绍过的相关内容，尝试把广义上的数据驱动运营用一张图表示来，如图 9-4 所示。

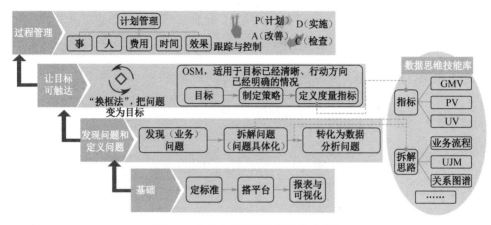

图 9-4　广义上的数据驱动运营大框架

整理这样一张图，主要是为了解决运营过程中的线性思维问题，或者我们把这个问题叫作"经验主义"。这是一种典型现象，我们在基于某个目标来考虑具体的策略和手段时，并没有仔细分析某个现象背后的深层原因，往往会习惯性地给出我们熟悉的手段和方式，而这种手段和方式通常是片面的。因为随着问题的复杂程度提高，某些现象虽然看起来类似，其背后的原因却是不同的，所以其实是需要不同的应对策略和手段的。线性思维往往会"一刀切"，追求"短平快"，但要知道"欲速而不达"。

无论面对何种运营问题，我们都需要一个基本的思考结构，即从我们面临的问题起点（现状）到目标之间，会有一个清晰的思考框架，来思考能够达成目标的最佳路径。借助这个思考框架，能够让我们的思考更加深入、全面和系统，最终找到解决问题的关键点。我们不妨把这个思考框架叫作"系统化思维"。系统化思维是将一系列零散的问题进行有序整理，并以全面的、整体的视角分析问题的一种思维方法。

从运营的角度，要从整体上将问题出现的现状和要达成的目标结合思考，并考虑达成目标的关键要素，以及要素之间的关系和结构，找到达成目标的关键路径，并找到解决问题的最关键的流程和策略。目标达成路径及整个运营落地实施要有一个系统的思考框架，图 9-4 所示的框架就是这样一个针对运营问题的系统化思维框架，接下来我们解构图 9-4 并解释里面的含义。

9.3.1　基础

"巧妇难为无米之炊"，做数据分析也好，用数据做运营分析也罢，首先得有高质量的数据。对于数据分析而言，为了得到高质量的数据要做数据清洗、ETL（Extract-Transform-Load，抽取—转换—加载）等操作。运营工作一般是运营自己公司的业务，这样的公司无论数据服务器是自购的还是租赁的云服务器，一般都有自建的软件平台，所以要从源头保证数据质量。所以，这里的"基础"主要指的是，通过定标准、搭平台、报表与可视化等措施，构建本公司自己的一个完善的数据环境，如图 9-5 所示。

定标准过程所需要的标准有命名规则、编码规则、设计标准等。有了统一的标准，数据在后续的使用过程中就不需要花费巨大的精力进行字段补齐、归一化等操作了。

搭平台，需要将每一类数据用规范的模型进行统一，并保证将各个业务模块中可能共享的主数据的名称和标准统一起来。这样做使得在后续的数据库表单合并或联合查询等操作过程中不需要花费大量的时间进行字段转义等操作。

报表与可视化，把数据以报表的形式呈现，便于有主题、有规划地进行分析，直观地发现问题。

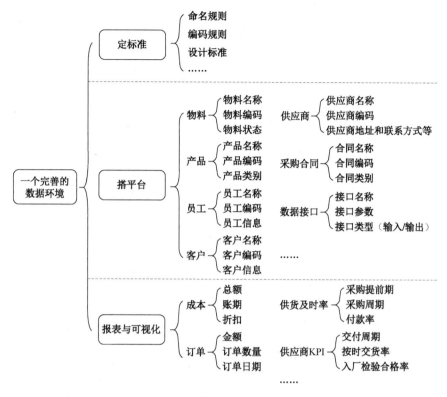

图 9-5　一个完善的数据环境的"基础"

9.3.2　发现问题和定义问题

从发现问题到拆解问题，再到转化为数据分析问题，这是第 5 章"把一个具体业务问题转化成一个数据可分析问题"一节主要描述的内容，在这里不再赘述。主要是把形如"活动提升了业绩"的问题转化成形如"活动推出以来，通过周/月的趋势，反映了该活动在哪几个维度提升了哪类客户或哪类产品的多少业绩"的确定性指向。

当然，把业务问题拆解为数据可分析问题不是一个方法论的框架就能涵盖其中所有奥妙的，这里面涉及对业务流程的理解和梳理等众多技巧和行业积累。比如，我们梳理一个 O2O（Online to Offline，线上到线下）的业务案例，就要有图 9-6 这种逻辑把它们之间的关系理清楚。

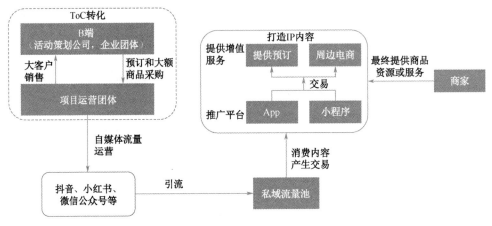

图 9-6　一个梳理业务逻辑的案例

如何把逻辑理清楚并有条理地进行分析？核心是"抽象"。当然，这个词本身就够抽象了，通俗地说，就是换成这种视角：将整个系统剖析成只剩两个事物——对象和对象之间的关系。那么，什么是对象？对象就是我们要研究的边界。我们要研究粗略层面的内容，每一个对象就会有较大的边界；我们要研究较为细琐的内容，之前的"大对象"就可以被分为多个小的研究对象。比如，我们可以将图 9-6 所示的层次提升一下，只看传统业务渠道和新业务渠道带来的客户数量；也可以把层次往下深入，看某一个环节的引流和转化部分，如图 9-7 所示。

关注的层次不同、分析问题的视角不同，根据不同的对象层次及对象之间的关系梳理出来的逻辑图也就不同。有了这样图谱化、流程化的思路，再结合"把一个具体业务问题转化成一个数据可分析问题"的方法技巧，就能够比较深入地定义和分析问题了。

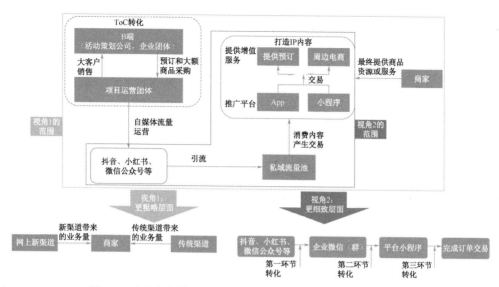

图 9-7　业务逻辑梳理的不同视角层次，会产生不同的对象层次

9.3.3　让目标可触达

让目标可触达，主要是把目标先分解为执行策略，再为策略定义中间指标，从而避免"一口吃个胖子"——制订好计划不管过程只等结果的错误做法。OSM（Objective-Strategy-Measurement，目标—策略—度量）就是衔接目标与执行策略的重要纽带，把目标转化为达成路径，这是第 6 章"业务分析框架 OSM"一节主要描述的内容，在这里同样不再赘述。

OSM 适用于目标已经清晰、行动方向已经明确的情况。所以，如何衔接"问题"和"目标"，还需要一个纽带。如何才能把问题转化为目标呢？这里就要用到"换框法"。有人总结说"问题就是现状与目标之间的差距"，其实换种说法也就是"目标就是现状再加上对问题提升的期望"。我们再把问题由最初的指向现状，转变为指向未来，从"为什么"到"要什么"，从另一个角度来看问题，把问题变为目标。比如，从"流量为什么下降了"到"从哪些方面提升流量"，就是"换框法"的思维方式。

9.3.4 过程管理

过程管理，是配合度量指标的执行和监督。任何一个指标，其实也是一个大目标中的一个小目标，或者我们叫作"里程碑"，都是具体要拆解到"人、事、资源、时间"，也就是谁来做、做什么、做多久、投入多少等具体措施。

在这个过程中，除了把这些内容定义好，关键还是通过评审、汇报等形式定期跟踪，并在发现有执行偏差的时候去纠正、调节。而在整个过程中，如果有学习到新的内容或总结了好的方法，可以作为经验进行复用从而持续改善，也就是不断地 PDCA（Plan-Do-Check-Act，计划—实施—检查—处理）。

9.4 牛刀小试的一个例子

我们用一个例子来看数据驱动运营的方法框架如何在实际案例中使用。任何一个例子都很难涵盖整个方法框架的每一个部分，所以我们说这个例子是"牛刀小试"。这是一个关于 O2O 课程学习平台的例子，平台的模式为用户通过线上付费报名，线下实地上课。目前注册用户有 4 万人，最近上线了一个新专题，对该专题下的 5 堂课程进行推广，预期每堂课至少报名 100 人次以上，但从结果来看，效果不佳。

首先，"基础"层面的事情，如定标准、搭平台、报表与可视化等，我们在这里不再讲述，例子中的课程学习平台已经把这些基础层面的事情都做好了。

接下来我们来看业务问题是什么？——课堂报名的效果不佳。这个问题还是太笼统了，不能作为一个数据可分析问题，所以我们要进一步"加工"这个问题。

什么叫"课堂报名的效果不佳"？用数据角度的话来说，就是"课程报名人次少"。那么"课程报名人次"又受什么影响呢？这就涉及这个行业中的模型了：

"课程报名人次=网站流量×课程转化率×人均报名课程数"。网站流量、课程转化率、人均报名课程数，又有哪些因素会影响到它们？这就涉及模型中的流程问题了。这样一步步地梳理，把业务问题转化成数据可分析问题，案例中的业务逻辑梳理如图9-8所示。

于是，我们可以依据这个梳理过程回头去看，"课程报名人次少"的问题到底出在哪里——是推广的流量太少还是推广到专题页的转化率太低？是专题页的跳出太高还是课程页到报名的转化率太差？还是报名后的订单确认和支付流程流失掉了太多的人？

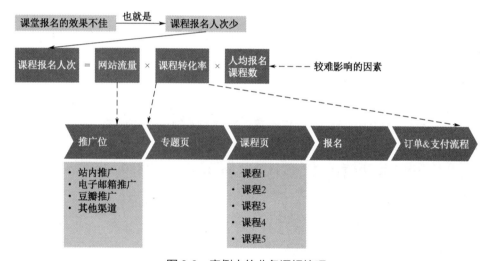

图9-8　案例中的业务逻辑梳理

这样我们就可以把大问题界定到具体的环节上了。当然，要界定清楚问题的具体原因需要我们拿数据来说话。以下是我们收集的数据，如图9-9所示。

通过以上数据，我们可以发现问题出在以下几个方面。

（1）推广的流量太少。总的UV（独立访客）只有2137多一点，这对于4万个注册用户的体量来讲是比较低的。

（2）推广到专题页的转化率太低，40.1%的跳出率太高。

（3）从"课程页"到"报名"的转化率太低。

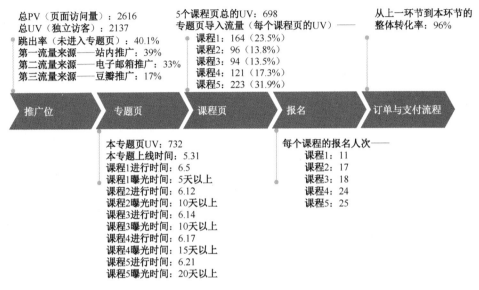

图 9-9　结合流程中每个环节的数据进行细分问题的界定

通过数据，我们还可以进一步挖掘以上问题具体又是什么原因造成的。通过数据，我们可以看出：

① 专题上线时间太匆忙，5 月 31 日专题上线，6 月 5 日第一堂课（课程 1）就开始了。

② 课程 1 虽然上线很匆忙（从上线到开课只有 5 天的时间窗口），但其所占的 UV 比例并不低（23.5%），说明在本专题开始的时候推广力度还是比较大的，当然，这个猜测可以回溯到当时真实所作的行动来进行验证。

③ 课程 1 所占的 UV 比例并不低（23.5%，也就是 698×23.5%=164 人），但报名人数只有 11 人，该课程对用户的吸引力可能比较差，也可能是课程详情页或定价等有优化的空间。这需要进一步分析，如进行细分层面的对比分析或结合用

户问卷调查来进一步确定原因。

所以说，只要有了足够细分的数据，就可以把问题进一步精细化地界定。就像我们举的例子一样，假如我们已经发现了推广到专题的流量数据太差，那么具体又是什么原因造成的呢？是因为我们渠道铺设得太少？还是因为渠道执行力度不够？抑或是推广素材和文案太差？我们结合数据拿到较为靠谱的答案，从而把问题的原因指向真正的主要因素。

再接下来，就是考虑如何做才能让目标可触达。我们先用换框法把问题转为目标。我们的预期是"每堂课至少报名100人次以上"，而我们遇到的问题是现在每堂课报名人次最少的为11，所以我们可以把目标这样定义：把课程报名人次提升到目前的10倍。

"把课程报名人次提升到目前的10倍"就是OSM中的O（目标），我们需要根据O（目标）进一步细化得到S（执行策略）和M（度量指标）。为了能够达到"层层拆解直至清晰"的目的，我们可以进一步拆解目标。因为"课程报名人次=网站流量×课程转化率×人均报名课程数"，既然是要把目标指标提升到10倍，那么要分别评估一下提升3个因子的可能性。

（1）看网站流量，目前网站注册用户4万人，而网站的每日UV只有2137，也就是 5%。那么以正常逻辑推断，把这个做到 10%在类似领域还算是一个比较合理的值。所以，一个小目标就是流量提升到2倍。

"流量提升到2倍"既是一个小的O（目标），也包含了M（度量指标）。而S（执行策略）在这个行业里无非就是"增加网站渠道的投放量"等措施。

（2）看课程转化率，我们把最终支付课程费用的人数（近似等于课程报名的人次数之和，因为从"报名"到"订单与支付流程"的环节转化率为96%）除以目前网站整体UV，可以得到课程报名的转化率约为4%。我们暂且认为经过一系列操作，比如在站内对课程曝光引导、优化课程列表页和详情页等文案，以及优化报名流程等内容均进行优化，从而实现 8% 的转化率，也就是提升到 2 倍。

"实现 8% 的转化率"既是一个小的 O（目标），也包含了 M（度量指标）。而 S（执行策略）就是在站内曝光课程引导、优化课程列表页和详情页等文案、优化报名流程等。

（3）人均报名课程数，这是一个较难影响的因素。但是如果我们把课程之间存在的逻辑递进关系在文案中给客户解释清楚，那么这个因子还是有提升空间的。我们姑且推断，依靠课程打包、相关课程推荐、站内消息告知、一次性报名多堂课程赠送绝密资料等一系列运营手段，可以把单用户人均报名课程数由目前的 2 提升到 2.5，也就是提升到 1.25 倍。

"把单用户人均报名课程数由目前的 2 提升到 2.5"既是一个小的 O（目标），也包含了 M（度量指标）。而 S（执行策略）就是课程打包、相关课程推荐、站内消息告知、一次性报名多堂课程赠送绝密资料等一系列运营手段。

这样，每个环节都有所提升，逻辑上也可以达到我们预期的结果，如图 9-10 所示。

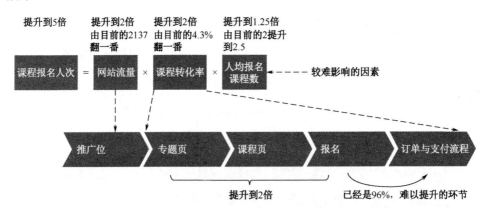

图 9-10　通过提升每个因子或环节来达到预期目标

接下来就是做过程管理。要管理过程，首先要制订计划。根据前面列举的可行手段，我们把这些任务安排下去，如图 9-11 所示。

序号	事项	责任人	预期时间	状态
1	增加网站渠道的投放量为之前的2倍，并观察各个渠道的引流情况	张彤	7.31	进行中
2	增加针对课程推荐的站内消息告知	李进	7.17	进行中
3	一次性报名多堂课赠送资料功能，并在专题页宣传	王丽	7.12	进行中
4	优化课程详情页，凸显课程内容关键词	王丽	7.12	进行中
5	在课程页增加对其他课程的推荐	李进	7.17	进行中

图 9-11　针对执行策略的配套行动计划

对计划的跟踪和控制，基本措施是跟进和监督任务的执行情况，如果与计划有偏差，那么就要通过协调资源、督促执行等措施进行偏差控制。

如果每个事项都按计划执行了，但最终效果仍不好，那么就要重新评估和分析执行策略是否为有效措施、是否还有其他可行的措施，甚至回溯到数据分析过程，看数据分析是否抓住了重点或正确地进行了数据分析。

9.5　数据分析与公司战略地图

数据分析与公司战略，两者听起来没太大关系。它们之间不是严格意义上的包含关系，但如果说哪一个涉及的范畴更广一些，公司战略显然涉及的内容更多更复杂，数据分析服务于公司战略这个大话题。

或许有人会有疑问，若我们论"道、法、术、器"，公司战略显然是可以有这么一个整套框架的。但第 1 章讲了，数据分析其实也是可以用"道、法、术、器"这样的框架来拆解其所包含的知识内容的。那么，这两个层面的"道、法、术、器"不会冲突吗？

这是不同层次和话题范围的"道、法、术、器",并不冲突。打个比方,太阳有自转,地球围绕太阳转的同时也有自转。

那么,数据分析与公司战略到底有哪些方面的关系呢?我们还是来看一下公司是如何制定战略的,如图 9-12 所示。

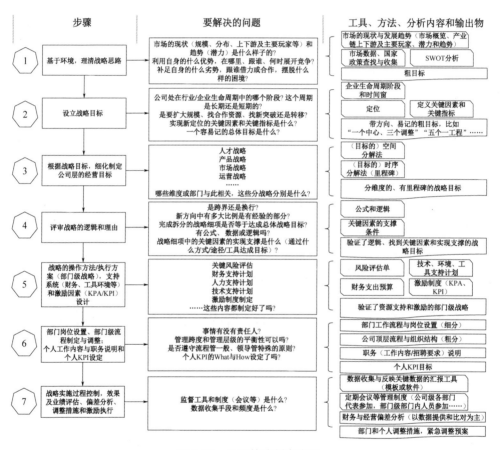

图 9-12　公司战略制定步骤

不同公司的战略制定有不同的方法,但是大致可以分为以下 7 个步骤。

第 1 步:基于环境,厘清战略思路。重点关注宏观、中观与微观外部环境因素及其发展趋势、影响,以及企业内部、外部能力与有形、无形资源配置现状;

充分考虑企业发展阶段与管理成熟度、核心竞争因素，企业价值链与价值竞争，商业模式与竞争策略组合等领域。

在这个步骤中，跟数据分析有关的话题比较偏宏观方面，如市场数据（国家统计局数据、行业报告等）的分析、SWOT（Strengths-Weaknesses-Opportunities-Threats，优势—劣势—机会—威胁）分析等。这一步骤的输出物是比较粗的战略目标。

第2步：设立战略目标。从行业生命周期、企业定位等方面进行思考。

在这个步骤中，与数据分析有关的话题依然比较粗浅，如给企业寻求定位所需要的关键因素和指标。这一步骤的输出也是比较粗的目标，如"五个一工程""一个中心、三个调整"等。

第3步：根据战略目标，细化制定公司层的经营目标。从人才战略、市场战略、运营战略等视角，对公司各层级战略进行深度解读。

在这个步骤中，主要完成目标的空间分解和时序分解。空间分解主要是把目标按管理层次进行拆分或按不同的职能部门进行分解。时序分解主要是把目标按时间段拆分为不同的里程碑。这一步骤的输出物是分维度的、有里程碑的战略目标。

第4步：评审战略的逻辑和理由。对战略进行评审，主要看战略是否过于激进，即是否基于公司的优势和资源来作为基础，以及战略的拆解是否有逻辑或数据支撑，每个战略细项的关键因素有没有必要的工具和达成方法等。

在这个步骤中，逻辑和公式是要作为核心来考虑的，这与数据分析的思路是一样的。有了逻辑和公式，才能深入分析各个组成元素之间哪个更重要、哪个更容易获得、哪个有较大的提升空间和提升性价比。这一步骤的输出物是验证逻辑、找到关键因素和实现支撑的战略目标。

第5步：战略的操作方法、执行方案、支持系统和激励因素设计。依据公司战略规划、目标、路径、资源和能力匹配，将公司战略目标分解到下属所有业务单位、职能部门，将公司战略贯穿于所有组织，建立明晰的、分层级的战略管理责任制，实现公司战略目标的上下一致与在组织内外的横向协同，将战略落地执行落实到组织的最基础部门，推动部门战略执行与公司目标的协同一致。

在这个步骤中，把公司层级的战略细化形成部门级的各种计划是核心。资源支持方面的统计需要数据分析，计划的制订可为后续各项数据和 KPI 的跟踪设定初始标的。这一步骤的输出物是验证资源支持和激励的部门级战略。

第 6 步：部门岗位设置、部门级流程制定与调整、个人工作内容与职务说明，和个人 KPI 设定。将部门战略分解到核心岗位，将战略落地执行落实到岗位和员工，挖掘团队的激励因子，完成激励目标和薪酬体系的设置。

在这个步骤中，岗位角色的工作流程、个人指标和对应指标的 KPI 考核是核心。需要数据分析工作参与其中的，主要是用于后续跟踪设定的个人 KPI、员工离职率分析等。这一步骤的输出物是个人 KPI 目标等内容。

第 7 步：战略实施过程控制，效果及业绩评估、偏差分析、调整措施和激励执行。借助战略管控体系搭建，依托信息化平台，定期进行公司及下属单位、部门的战略分析、回顾与纠偏行动，实现对战略的闭环管理。

在这个步骤中，对战略执行的数据收集、日常监督和定期的评审、战略效果的衡量评估、调整和纠偏是关键步骤。这个步骤中需要数据分析工作参与的内容很多，数据收集本就是一个大话题，根据数据来分析和衡量效果也是数据分析要做的主要内容。这一步骤的输出物是部门和个人调整措施、紧急调整预案。当然，如果分析结果是一切正常，那么就不需要执行调整过程。

通过以上对公司战略的 7 个步骤的拆解我们可以看出，数据分析与公司战略的很多内容息息相关，尤其是对市场数据的分析、关键指标的分解与跟踪，以及战略执行过程中的数据采集和跟踪分析等方面。采用数据分析与公司战略制定相结合的方法，与将"财务预算+财务决算"作为公司战略执行核心的传统方法对比，它衡量的不仅是业绩结果，更是一种从计划到过程再到结果的闭环。这方面它比较类似于平衡记分卡，但比平衡记分卡更多地关注了战略拆解的逻辑，以及更精细的跟踪过程。

当然，以上视角是为了展示数据分析与公司战略之间的关系而把公司战略分为7个步骤，这相当于大纲，是指导思想。在真正的操作层面，企业内部常见的战略规划流程主要分公司级别和部门级别。公司级别的战略规划工作流程，作为公司的一级流程；部门级别的战略规划工作流程，作为公司的二级流程；个人工作指标和KPI设定属于部门内部的子流程，作为公司的三级流程。

公司级别的战略规划工作流程如图9-13所示。

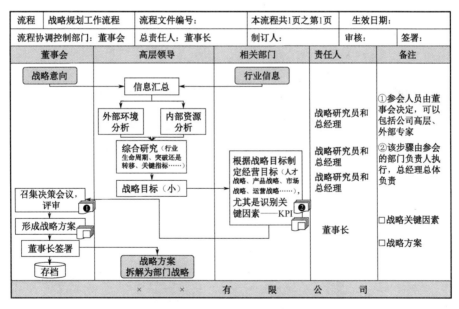

图9-13 公司战略规划工作流程

部门级别的战略规划工作流程如图9-14所示。

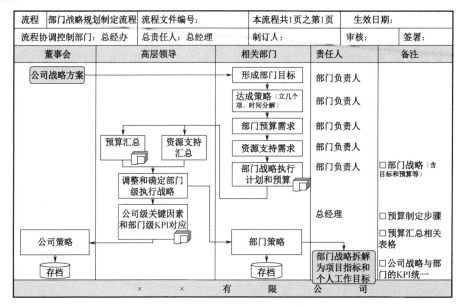

图 9-14 部门战略规划制定流程

部门个人 KPI 设定的工作流程如图 9-15 所示。

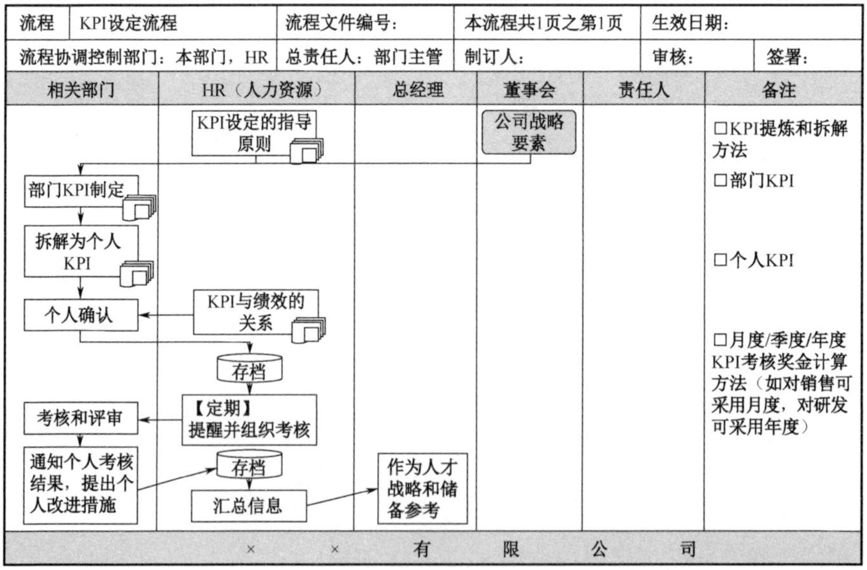

图 9-15 部门个人 KPI 设定

跟战略规划配套的还需要有监督和跟进流程，如图 9-16 所示。

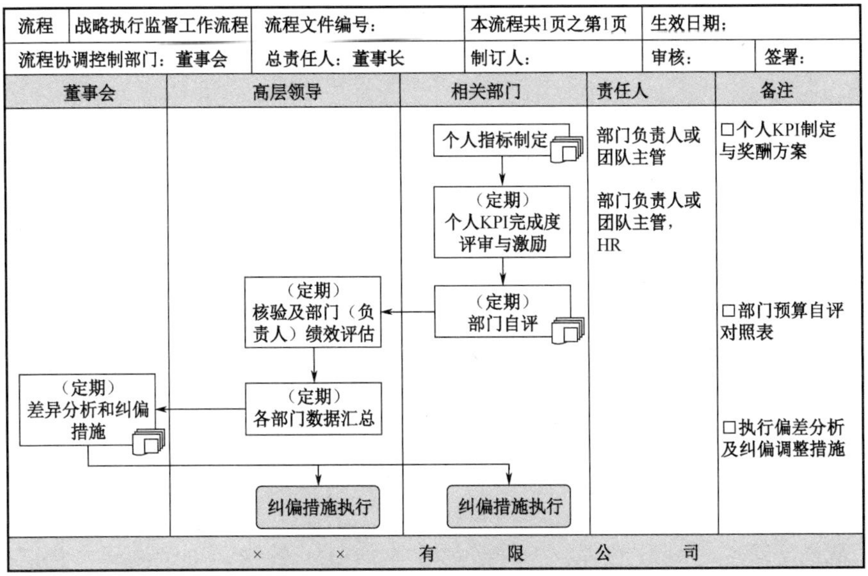

流程	战略执行监督工作流程	流程文件编号：		本流程共1页之第1页	生效日期；
流程协调控制部门：董事会		总责任人：董事长	制订人：	审核：	签署：

图 9-16　战略执行监督工作流程

从图 9-13～图 9-16 中可以看出，它们与我们本节开头提的公司战略制定 7 个步骤是对应的，只不过一个是操作层面的应用，另一个是指导思想（同时还被我们用来解释数据分析与公司战略之间的关系）。

参 考 文 献

[1] 王汉生. 数据思维：从数据分析到商业价值[M]. 北京：中国人民大学出版社，2017.

[2] 猴子·数据分析学院. 数据分析思维：分析方法和业务知识[M]. 北京：清华大学出版社，2020.

[3] 查尔斯·惠伦. 赤裸裸的统计学[M]. 曹槟，译. 北京：中信出版社，2013.

[4] 黄有璨. 运营之光：我的互联网运营方法论与自白 2.0[M]. 北京：电子工业出版社，2017.

[5] 戴维·赫佐格. 数据素养：数据使用指南[M]. 沈浩，李运，译. 北京：中国人民大学出版社，2018.

[6] 杨海愿. 零售供应链：数字化时代的实践[M]. 北京：机械工业出版社，2021.

[7] 张维元. 深入浅出 Python 数据分析[M]. 北京：清华大学出版社，2022.